Energia eólica

série
SUSTENTABILIDADE

Arlindo Philippi Jr
COORDENADOR

Energia eólica

Eliane A. Faria Amaral Fadigas

Professora de Engenharia Elétrica da Poli-USP

Manole

Copyright © 2011 Editora Manole Ltda., por meio de contrato com a autora.

Este livro contempla as regras do Acordo Ortográfico da Língua Portuguesa de 1990, que entrou em vigor no Brasil.

Projeto gráfico e capa: Nelson Mielnik e Sylvia Mielnik
Editoração eletrônica: Acqua Estúdio Gráfico

Dados Internacionais de Catalogação na Publicação (CIP)
(Câmara Brasileira do Livro, SP, Brasil)

Fadigas, Eliane A. Faria Amaral
Energia eólica / Eliane A. Faria Amaral Fadigas. --
Barueri, SP : Manole, 2011.
(Série sustentabilidade / coordenador Arlindo Philippi Jr.)

Bibliografia.

ISBN 978-85-204-3004-0

1. Energia eólica 2. Energia eólica – Brasil
I. Philippi Junior, Arlindo. II. Título. III. Série.

11-04585   CDD-621.042

Índices para catálogo sistemático:
1. Energia eólica : Fontes energéticas renováveis : Tecnologia 621.042

Todos os direitos reservados.
Nenhuma parte deste livro poderá ser reproduzida, por qualquer processo, sem a permissão expressa dos editores. É proibida a reprodução por xerox.

A Editora Manole é filiada à ABDR – Associação Brasileira de Direitos Reprográficos.

1ª edição – 2011

Editora Manole Ltda.
Av. Ceci, 672 – Tamboré
06460-120 – Barueri – SP – Brasil
Tel.: (11) 4196-6000 – Fax: (11) 4196-6021
www.manole.com.br
info@manole.com.br

Impresso no Brasil
Printed in Brazil

Sumário

SOBRE A AUTORA | **VII**
PREFÁCIO | **IX**
INTRODUÇÃO | **XI**

CAPÍTULO 1 | **Histórico do desenvolvimento e estado atual** | **1**

1 Introdução | **2** Energia eólica e mudanças climáticas | **4** Mecanismos de incentivo às fontes renováveis de energia | **8** Breve histórico da evolução de energia eólica | **17** O desenvolvimento das turbinas eólicas após a crise do petróleo | **25** Evolução mundial na oferta de energia eólica | **36** Exercícios

CAPÍTULO 2 | **Recursos eólicos – caracterização dos ventos** | **39**

39 Introdução | **40** Modelos de circulação do vento | **42** Variações temporais e espaciais da velocidade dos ventos | **46** Parâmetros que influenciam no perfil do vento | **54** Estimativa do potencial eólico | **60** Caracterização dos dados de vento | **70** Medição de vento | **76** Estágios para estimativa do potencial eólico | **84** Métodos estatísticos para previsão da velocidade dos ventos | **86** Estudos de *micrositing* | **87** Exercícios

CAPÍTULO 3 | **Potência extraída de um conversor eólico** | **89**

89 Introdução | **90** Potência extraída do vento | **95** Aerodinâmica de uma turbina eólica | **98** Velocidade relativa do vento | **103** Relação entre potência, velocidade do vento não perturbado (V1) e velocidade específica de ponta de pá (λ) | **107** Energia elétrica gerada por uma turbina eólica | **111** Exercícios

CAPÍTULO 4 | **Sistema conversor de energia eólica** | 115

> 115 Introdução | 115 Turbina eólica: classificação | 119 Componentes de um aerogerador | 155 Exercícios

CAPÍTULO 5 | **Aerogeradores: controle e integração na rede elétrica** | 157

> 157 Introdução | 158 Objetivos do controle | 167 Estratégias de controle e modo de operação | 170 Tipos de conexão de aerogeradores na rede elétrica | 180 Sistema elétrico para conexão da turbina à rede elétrica | 195 Exercícios

CAPÍTULO 6 | **Energia eólica: aplicações** | 197

> 197 Introdução | 198 Aplicações autônomas | 209 Minirredes com turbinas eólicas e outras fontes | 211 Aerogeradores conectados à rede de transmissão de grande porte | 219 Plantas *offshore* | 222 Exercícios

CAPÍTULO 7 | **Energia eólica: aspectos econômicos** | 223

> 223 Introdução | 225 Estrutura de custos de uma central eólica | 238 Exemplos de custos praticados em centrais eólicas instaladas | 239 Panorama geral dos componentes da avaliação econômica de uma central eólica | 243 Aplicação do MCCV para cálculo do custo de produção de energia | 251 Exercícios

CAPÍTULO 8 | **Energia eólica e meio ambiente** | 253

> 253 Introdução | 255 Fases de projeto e ações causadoras de impactos ambientais | 256 Interação da fauna com os aerogeradores | 259 Impacto visual dos aerogeradores | 264 Ruído provocado pelos aerogeradores | 268 Interferência eletromagnética | 271 Impactos no uso da terra | 274 Efeitos de sombreamento | 275 Outras considerações ambientais | 278 Exercícios

REFERÊNCIAS | 279

ÍNDICE REMISSIVO | 283

Sobre a autora

Eliane Aparecida Faria Amaral Fadigas é engenheira eletricista formada pela Universidade Federal do Maranhão, e mestre e doutora em Sistemas Elétricos de Potência pela Escola Politécnica da Universidade de São Paulo (USP). Em 1996, iniciou sua vida acadêmica e desde então é professora doutora do Departamento de Engenharia de Energia e Automação Elétricas da Escola Politécnica da USP, onde leciona em tempo integral e tem ministrado disciplinas na graduação, pós-graduação e extensão relacionadas aos temas de energia, meio ambiente e desenvolvimento.

Na pós-graduação orienta teses de doutorado e dissertações de mestrado na área de produção de energia com foco na geração termelétrica, energia eólica, energia solar, bem como fontes híbridas.

É coautora do livro *Energia, recursos naturais e a prática do desenvolvimento sustentável*, publicado pela Editora Manole, e coautora dos livros *Energia Elétrica para o desenvolvimento sustentável*, publicado pela Edusp, e *Desalination, Methods, Costs and Technology*, editado por Irena Urboniene.

Tem participado de vários projetos de pesquisa nas áreas de geração, conservação de energia e planejamento energético e possui inúmeros artigos publicados em periódicos e anais de congressos nacionais e internacionais.

Atualmente, é coordenadora do Laboratório de Fontes Renováveis de Energia do PEA/Epusp, em que coordena e orienta pesquisas com energia solar e eólica, com apoio de entidades de fomento à pesquisa, como MCT/Finep, CNPq, MME e concessionárias de energia elétrica, entre outras.

Prefácio

Por mais que tenham sido a fonte de propulsão das caravelas que trouxeram a civilização ao Continente Americano, os ventos, até agora, ocupavam um espaço secundário na matriz energética brasileira, e mesmo na matriz energética mundial.

Com a percepção das limitações dos grandes aproveitamentos hídricos, no caso brasileiro, e dos recursos fósseis, no âmbito mundial, potencializados pela limitação de emissões de poluentes, os ventos passaram a ser mais bem estudados e reconhecidos como uma fonte energética atraente para produção de energia elétrica.

O estudo dos ventos, durante o século XX, se deu nas camadas altas da atmosfera, induzido pelas necessidades aeronáuticas. Mas nas camadas baixas, de centenas de metros acima do solo, pouco se sabia do comportamento eólico e das possibilidades de seu aproveitamento energético.

No Brasil, as tecnologias para a produção de energia elétrica a partir do vento foram rapidamente absorvidas e desenvolvidas, o que é expresso pela quantidade de instalações industriais já em uso e em construção. Isso mostra que a energia elétrica de origem eólica é uma tendência que se materializa, e tudo indica que permanecerá, por suas características de baixo impacto ambiental, viabilidade econômica e financeira, aceitação social e domínio tecnológico.

Dada a percepção de que a energia elétrica de origem eólica teria sua importância reconhecida, a Escola Politécnica da Universidade de São Paulo vem estudando e pesquisando nessa área tecnológica há mais de duas décadas. Dentre seus pesquisadores, nesse tema, destaca-se a professora doutora

Eliane Aparecida Faria Amaral Fadigas, engenheira eletricista, professora e pesquisadora com mestrado e doutorado na área de sistemas de potência. Por sua dedicação ao tema, ela é reconhecida como uma das principais autoridades no assunto energia elétrica de origem eólica.

Neste livro, a autora faz uma abordagem sistêmica e cobre os principais aspectos da geração eólico-elétrica, partindo dos conceitos de fontes renováveis de energia e seguindo com os aspectos da geração eólica, nos seus vários componentes. Cobre também os aspectos econômico-financeiros e ambientais associados a esse tipo de energia.

A importância desta obra é notória, não somente pelo momento em que é lançada, mas pela aplicação imediata nos cursos de graduação e pós-graduação nas universidades, além de se constituir em um referencial sobre o assunto e ser de agradável leitura.

Dr. José Sidnei Colombo Martini
*Professor titular do Departamento de
Engenharia de Computação e Sistemas Digitais
da Universidade de São Paulo*

Introdução

Este livro foi escrito com o objetivo de ajudar a suprir uma lacuna existente nas referências bibliográficas nacionais no campo da energia eólica, para auxiliar não só os professores que ministram cursos de graduação e pós-graduação como a comunidade científica e profissionais que estão iniciando nesta área e participando dos projetos eólicos que estão sendo implantados no país.

Pode-se considerar que a área eólica é recente no país. Apenas a partir de 2002 o Brasil começou a olhar com outros olhos este recurso energético tão abundante e renovável.

A exemplo de outros países, mesmo tendo uma forte participação das fontes renováveis de energia, o Brasil vem investindo na diversificação da sua matriz energética, procurando introduzir as novas fontes renováveis de energia (eólica, solar fotovoltaica e térmica a biomassa) como alternativas para suprimento de mercado de energia elétrica, com reduzidos impactos ambientais, formação de mão de obra especializada e consequente geração de empregos.

Políticas públicas e mecanismos de incentivo têm sido adotados nos vários países, criando mercados para a geração eólica e ao mesmo tempo possibilitando o surgimento das indústrias de equipamentos eólicos, com tecnologias mais avançadas, melhores rendimentos e menores custos. Atualmente a geração eólica já se mostra competitiva em vários países.

Este livro fornece uma visão geral dos vários aspectos que permeiam a geração de energia elétrica a partir dos ventos, apresentando os fundamentos, os conceitos e as equações básicas que regem o processo de conversão da energia eólica em eletricidade. Não fazem parte desta obra aprofundamentos na modelagem aerodinâmica complexa que rege os mecanismos de extração da energia dos ventos por uma máquina eólica, bem como suas diversas etapas de conversão, controle e integração na rede elétrica.

Com esse objetivo, uma visão sumarizada do que é tratado em cada capítulo é apresentada a seguir. Em todos eles há ao final uma pequena lista de exercícios para que o conteúdo seja melhor absorvido.

O Capítulo 1 apresenta o estado da arte da energia eólica e sua evolução no tempo. Descreve de uma forma resumida em ordem cronológica de que maneira a energia eólica foi sendo usada pela humanidade desde a Antiguidade. Apresenta os principais avanços tecnológicos das turbinas eólicas no que tange a tecnologia adotada, tamanho e potência. Descreve em termos mundiais e no Brasil como esse tipo de fonte geradora de energia tem conseguido aumentar a sua participação nas matrizes elétricas e aponta os principais mecanismos de incentivos adotados nos países. Apresenta a participação da geração eólica em âmbito mundial e no Brasil.

O Capítulo 2 trata dos recursos eólicos. Descreve de forma resumida a formação dos ventos nas camadas mais altas e baixas da atmosfera; quais parâmetros influenciam na intensidade e direção dos ventos em escala temporal e espacial e modelos adotados para corrigir a velocidade do vento em função destes parâmetros. Apresenta o equacionamento para tratamento estatístico dos dados de vento e cálculo da produção de energia. Descreve os procedimentos adotados para medição e coleta de dados de evento e levantamento do potencial eólico de uma região. Apresenta informações sobre o potencial eólico brasileiro.

No Capítulo 3 são apresentados os fundamentos teóricos do processo de conversão da energia contida nos ventos (energia cinética) em energia mecânica no eixo de um aerogerador. Apresenta uma visão geral dos aspectos relativos à aerodinâmica dos aerogeradores tipo hélice de eixo horizontal, introduzindo conceitos importantes que ilustram o comportamento dos rotores eólicos e sua interação com os ventos. Adicionalmente, apresenta a metodologia de cálculo da energia elétrica produzida por uma turbina com base nas séries de dados de vento medidas e uso de funções estatísticas.

O Capítulo 4 apresenta os tipos de aerogeradores utilizados, dando maior destaque aos aerogeradores tipo hélice de eixo horizontal de três pás, por ser o mais utilizado na atualidade em suas várias aplicações. São apresentados os diversos equipamentos (componentes) que compõem um aerogerador, ressaltando suas funções, seus aspectos mecânicos, elétricos e materiais envolvidos na sua fabricação.

O Capítulo 5 tem como objetivo dar uma visão geral sobre os aspectos conceituais do controle e integração de aerogeradores na rede elétrica. Descreve as principais funções do sistema de controle, tipos de parâmetros controlados e equipamentos utilizados. Apresenta de forma resumida como é feito o controle de potência e velocidade para as principais categorias de aerogeradores. Descreve as principais formas de conexão dos aerogeradores com a rede elétrica, equipamentos utilizados, distúrbios provocados e principais tecnologias empregadas.

O Capítulo 6 apresenta as principais aplicações da energia eólica. Para cada aplicação descreve seus aspectos operacionais e de localização. Apresenta configurações de sistemas adotados, componentes utilizados e formas de armazenamento da energia gerada. Aborda de forma resumida os aspectos de gestão de projetos em áreas remotas.

O Capítulo 7 tem como objetivo apresentar a estrutura de custos de um projeto eólico, os principais parâmetros que influenciam na formação destes custos, os valores médios praticados para cada componente de custos nos últimos anos e a metodologia simplificada para uma avaliação econômica preliminar de um projeto eólico.

O Capítulo 8 procura apresentar as questões mais importantes relativas aos impactos ambientais considerados negativos tanto na fase de instalação quanto de operação dos aerogeradores. Apresenta de forma resumida a definição dos impactos, fonte de problemas e principais medidas mitigadoras.

Com o conteúdo apresentado nos capítulos a autora considera que o livro cumpre o objetivo básico de disponibilizar uma referência que possa ser utilizada para uma visão geral dos principais aspectos relacionados à geração eólica. Aprofundamentos técnicos, econômicos, regulatórios e comerciais podem ser obtidos consultando as referências utilizadas pela autora.

Além da versão impressa, o livro conta com conteúdo complementar no site: www.manoleeducacao.com.br.

1 | Histórico do desenvolvimento e estado atual

INTRODUÇÃO

O aproveitamento da energia dos ventos é uma forma de produção de eletricidade a partir de uma das fontes renováveis mais interessantes e promissoras.

A energia eólica já é uma realidade, mas para que sua utilização e das demais fontes renováveis encontrem um espaço maior na satisfação dos elevados consumos energéticos das sociedades industrializadas, é preciso que haja uma conscientização dos técnicos e políticos no sentido de apoiar medidas que promovam o desenvolvimento sustentável. De fato, a problemática associada à utilização de energia fóssil convencional, mesmo a nuclear, quer pelos danos ambientais que a produção desse tipo de energia provoca no ambiente, quer pela possível escassez de matéria-prima, fez com que as sociedades mais desenvolvidas encarassem com atenção a urgente necessidade da utilização de energias renováveis.

O Brasil é um país rico em recursos energéticos renováveis. Com exceção da energia geotérmica, cujo potencial é inexpressivo, e da energia hidráulica, que já é bem explorada, fontes como solar, eólica, biomassa, oceânica e de hidrogênio, podem ser exploradas em maior escala por meio de políticas de incentivo, no sentido de criar condições para que essas fontes tenham uma maior participação na matriz energética, de modo que o desenvolvimento do país ocorra de forma sustentável.

ENERGIA EÓLICA E MUDANÇAS CLIMÁTICAS

Nas últimas três décadas, o mundo tem convivido com alterações significativas no clima e é consenso entre os especialistas que elas são provocadas por ações antropogênicas atribuídas principalmente à queima de combustíveis fósseis e ao desmatamento.

Nesse período, embora tenha havido uma alteração significativa na participação dos diversos recursos energéticos primários no atendimento da demanda por energia, provocada principalmente pela substituição dos óleos combustíveis e do carvão mineral por gás natural, com menores impactos ao meio ambiente, na matriz energética mundial, ainda predomina o uso de combustíveis fósseis. De acordo com o Balanço Energético Nacional (BEN) (2008), os combustíveis fósseis contribuíram com 80,9% da oferta mundial de energia em 2006, sendo 20,5% gás natural, 26% carvão mineral e 34,4% petróleo. A participação das energias renováveis foi de 12,3%.

No que tange à participação dos combustíveis fósseis, a matriz de geração de eletricidade mundial em 2006 diferiu um pouco da matriz energética, porém com predominância também desses combustíveis (66,9%), sendo que desses o petróleo participava com 5,8%, o gás natural com 20,1% e o carvão mineral com 41%. A participação das renováveis foi de aproximadamente 18%, sendo 16% hidráulica.

Alguns países possuem suas matrizes energéticas e elétricas bem diferentes da matriz energética mundial, como o Brasil. A Tabela 1.1 apresenta a oferta interna de energia em 2006 e 2007 e a Tabela 1.2 a composição da matriz elétrica no Brasil em 2007. Verifica-se, portanto, que em matéria de uso de recursos naturais renováveis na oferta interna de energia, o Brasil possui uma posição destacada em âmbito mundial, sendo reconhecido como um país que produz energia limpa. Adicionalmente, o Brasil possui um elevado potencial hidráulico ainda não aproveitado, é um país rico em biomassa e, em função de sua localização, possui um excelente índice solarimétrico e potencial eólico em boa parte do território. No entanto, a participação das novas fontes renováveis de energia para geração de eletricidade, como as pequenas centrais hidrelétricas (PCHs), usinas eólicas, usinas térmicas a biomassa e sistemas fotovoltaicos, é pequena, quando consideramos o imenso potencial existente.

Tabela 1.1: Oferta interna de energia em tep e %

ESPECIFICAÇÃO	MIL TEP 2006	MIL TEP 2007	07/06 %	ESTRUTURA % 2006	ESTRUTURA % 2007
Não renovável	124.464	129.102	3,7	55,0	54,1
Petróleo e derivados	85.545	89.239	4,3	37,8	37,4
Gás natural	21.716	22.199	2,2	9,6	9,3
Carvão mineral e derivados	13.537	14.356	6,1	6,0	6,0
Urânio (U308) e derivados	3.667	3.309	9,8	1,6	1,4
Renovável	101.880	109.656	7,6	45,0	45,9
Hidráulica e eletricidade	33.537	35.505	5,9	14,8	14,9
Lenha e carvão vegetal	28.589	28.628	0,1	12,6	12,0
Derivados da cana-de-açúcar	32.999	37.847	14,7	14,6	15,9
Outras renováveis	6.754	7.676	13,7	3,0	3,2
Total	226.344	238.759	5,5	100,0	100,0

Fonte: Brasil (2008).

Tabela 1.2: Composição da matriz elétrica no Brasil em 2007

FONTE	Nº USINAS	MW	ESTRUTURA (%)
Hidrelétrica	669	76.400	71,2
Gás	108	11.344	10,6
Petróleo	596	4.475	4,2
Biomassa	289	4.113	3,8
Nuclear	2	2.007	1,9
Carvão mineral	7	1.415	1,3
Eólica	16	247	0,2
Potência instalada	1687	100.001	93,2
Importação contratada[1]		7.250	6,8
Potência disponível		107.251	100,0

(1) Paraguai Itaipu – 7000MW; Ande – 50 MW; Venezuela – 200MW.

Fonte: Brasil (2008).

Embora a participação dos combustíveis fósseis na matriz energética mundial ainda prevaleça, a inclusão de fontes renováveis de energia tem crescido em vários países, impulsionada pela preocupação crescente com o meio ambiente. Países como Alemanha, Inglaterra, Espanha, Estados Unidos, China e Índia, entre outros, têm implementado instrumentos de políticas no sentido de promover as tecnologias limpas de geração de energia. Como resultado da implementação das políticas de incentivo às fontes renováveis, destaca-se a energia eólica, que nos últimos dez anos tem apresentado um crescimento médio de 28% ao ano na potência instalada no mundo.

MECANISMOS DE INCENTIVO ÀS FONTES RENOVÁVEIS DE ENERGIA

A preocupação crescente com o aquecimento global tem levado os governos mundiais a discutirem formas de diminuir as emissões de dióxido de carbono, bem como outros gases responsáveis pelo aumento do efeito estufa na Terra. Reuniões internacionais para discutir e negociar questões relativas às mudanças climáticas e combate à pobreza têm sido realizadas desde o início da década de 1970 com o objetivo de tornar o nosso desenvolvimento mais sustentável. O Protocolo de Kyoto, implementado em 1997 – cujo objetivo era estabelecer metas de redução das emissões de gases de efeito estufa em 5% com relação às emissões de 1990 até 2012 aos países pertencentes ao anexo 1 – tornou-se legalmente implementado em fevereiro de 2005 após a ratificação da Rússia, em novembro de 2004.

A União Europeia, com o objetivo de diminuir as emissões de gases de efeito estufa, estabeleceu metas para aumentar a participação das fontes de energia renováveis na matriz energética em 2020 para 20%.

O incentivo às fontes renováveis, particularmente às "novas fontes renováveis" (o que exclui as centrais hidrelétricas de médio e grande porte), em geral, visa atender objetivos estratégicos relacionados, com maior ou menor ênfase, dependendo do país, à segurança energética, à redução dos gases de efeito estufa e à geração de emprego e renda.

Existem vários instrumentos de incentivo sendo utilizados na política de promoção das novas fontes renováveis de energia ao redor do mundo. Na Europa, por exemplo, os principais instrumentos de incentivo são: sistema de leilão (*Tender System*); sistema de cotas/certificados verdes (*Quota Obligation System*) e sistema baseado em preço (*Feed-in Tariffs*). Esses instrumentos normalmente coexistem com outros, tais como incentivos fiscais e apoio à pesquisa e ao desenvolvimento, e têm a seguinte descrição:

- *Sistema de leilão*: esse sistema envolve um processo de leilão, administrado pelo governo, por meio do qual os empreendedores das fontes de energia renovável concorrem para ganhar os contratos (*Power Purchase Agreements*) ou para receber um subsídio de um fundo administrado pelo governo. São agraciados com o contrato aqueles que fazem a oferta mais competitiva. Podem existir leilões separados por tipo de tecnologias (conhecidos no jargão como bandas tecnológicas – *technological bands*) e, normalmente, as empresas de energia são obrigadas a comprar a eletricidade pelo preço proposto pelo ganhador do contrato (às vezes apoiado por um fundo governamental).

- *Sistema de cotas (com certificados verdes):* também conhecido como *Renewable Portfolio Standard* (RPS) ou Meta de Energia Renovável (*Renewable Energy Targets*), tem como objetivo promover a geração de eletricidade aumentando a demanda por eletricidade renovável. Para isso, o governo estabelece a quantidade ou a porcentagem de eletricidade que deve ser produzida a partir das novas fontes de energia renováveis, a qual pode ser imposta sobre o consumo (em geral, por meio das empresas distribuidoras de energia) ou é aplicada sobre a produção, e uma multa é imposta aos que não cumprirem a meta estabelecida. Uma vez definidas as quantidades, um mercado paralelo de certificados verdes de energia renovável é estabelecido de acordo com as condições de demanda e geração (estabelecidos por regulação). A venda dos certificados verdes garantem aos produtores das novas fontes de energias renováveis um valor adicional à receita adquirida pela venda da energia elétrica no mercado. Os certificados também podem ser comercializados entre as empresas geradoras de energia caso alguma delas não consiga atender a meta estipulada pelo governo. Os sistemas de cotas com certificados verdes têm como pontos positivos a possibilidade de formação de um mercado paralelo, além do potencial de criar um mercado competitivo que garante o valor mais baixo para os investimentos.

- *Sistema baseado em preço (Feed-in Tariffs):* esse sistema tem sido reconhecido como o mais capacitado na promoção das novas fontes renováveis de energia, com base nos resultados obtidos na Alemanha, Espanha e Dinamarca. Nesse sistema, paga-se um "preço *premium*" pela eletricidade gerada e colocada na rede elétrica. Esse preço é estabelecido pelo governo de acordo com cada tecnologia (que pode depender de diversos fatores, por exemplo a capacidade da planta geradora), obrigando as concessionárias distribuidoras de energia a comprar a eletricidade das fontes renováveis de energia das geradoras pelo preço estabelecido. A duração do subsídio e o nível da tarifa são parâmetros importantes para garantir a efetividade desse instrumento, pois devem ser suficientes para dar segurança ao investidor, garantindo, assim, parte de sua receita ao longo da vida útil. O *Feed-in Tariffs* pode ser aplicado separadamente para cada tecnologia e pode também incluir uma taxa de regressão anual no valor do "preço *premium*" de forma a promover a eficiência das tecnologias agraciadas com o subsídio (caso da Alemanha). A grande vantagem das tarifas

Feed-in é a estabilidade financeira para o investidor graças a um mecanismo simples do ponto de vista administrativo. Os riscos financeiros são evitados por meio de contratos de compra e venda de energia a um prêmio ou preço predeterminado.

- *Subsídios financeiros:* como as fontes renováveis de energia são intensivas em capitais (apesar de possuírem baixos custos de operação), os governos podem oferecer subsídios financeiros às tecnologias, estabelecendo ou um valor por kW ($/kW), ou uma porcentagem sobre o investimento total. O tipo mais conhecido e utilizado é o subsídio ao investimento, possivelmente pela facilidade e viabilidade administrativa e política. No entanto, esse instrumento é criticado por não ser um mecanismo que incentive a eficiência da operação.

- *Incentivos fiscais:* esse instrumento pode ser aplicado de várias formas: isenção das taxas aplicadas ao uso da energia gerada por fontes renováveis de energia; reembolso de taxas para eletricidade verde; redução de impostos; benefícios fiscais para aqueles que investirem em tecnologias renováveis etc.

- *Certificados verdes de energia renovável:* esses certificados não são considerados um instrumento de política, mas apenas um instrumento utilizado para verificar a quantidade de eletricidade produzida a partir das fontes renováveis de energia. São comumente usados no sistema de cotas, mas podem ser também utilizados nos chamados acordos voluntários para verificar e monitorar a produção e venda de eletricidade, para facilitar o mercado. Os certificados fornecem um sistema de contabilidade para autenticar a fonte de energia e verificar se a demanda foi atendida. A demanda pode ser voluntária, baseada na conscientização do consumidor que paga um valor a mais para obter eletricidade verde, ou imposta pelo Governo (como no *Quota Obligation System*). Uma multa é aplicada caso a obrigação não seja cumprida.

Os instrumentos para promoção das fontes renováveis de energia que vêm sendo adotados nos países refletem a condução da política energética de cada país e seu maior ou menor enquadramento aos preceitos de mercado diante da liberalização do mercado de energia e a maior ou menor participação da esfera de poder local na condução da política energética.

Costa (2006) exemplifica em sua tese de doutorado a aplicação dos instrumentos de promoção na Alemanha, Reino Unido e Holanda, oferecendo uma boa visão dos resultados e principais problemas e entraves encontrados na condução das políticas.

Dutra (2007) também apresenta os principais mecanismos de promoção das fontes renováveis de energia adotados em alguns países, com destaque para Alemanha e Reino Unido, e analisa os resultados obtidos com a experiência internacional.

No Brasil, pode-se considerar que a primeira ação que verdadeiramente veio a impulsionar o uso das novas fontes renováveis de energia foi tomada em 2002 com a aprovação da Lei n. 10.438 que criou o Proinfa (Programa de Incentivos às Fontes Alternativas de Energia), o qual fixou metas para participação dessas fontes no sistema elétrico interligado nacional. Conforme estabelecido na lei, o Proinfa foi dividido em duas fases: Proinfa (cujo objetivo era adicionar 3.300 MW até o final de 2006, divididos igualmente entre energia eólica, biomassa e PCH); e Proinfa 2 (que fixava como meta a participação dessas três fontes em 10% no consumo de eletricidade em 20 anos. A Lei n. 10.438, além do incentivo às fontes alternativas de energia, teve outras atribuições, tais como a obrigação das concessionárias na universalização do acesso à energia elétrica.

O programa governamental para energias renováveis incorporou características do sistema *Feed-in*, como a garantia de acesso da eletricidade renovável à rede elétrica e o pagamento de preço fixo, diferenciado por tipo de fonte de energia renovável, à energia produzida. O Proinfa também adotou premissas do sistema de cotas, como o leilão de projetos de energia renovável, determinando cotas de potência contratada para cada tecnologia, além de subsídios por meio de linhas especiais de crédito de Banco Nacional de Desenvolvimento Econômico e Social (BNDES), que cobria até 70% do investimento dos empreendimentos (excluindo apenas bens e serviços importados e a aquisição de terrenos) desde que fossem apresentadas garantias reais.

Durante 20 anos a Eletrobras foi declarada responsável pela contratação dos projetos selecionados no âmbito do programa e também pela administração da conta Proinfa.

A Lei n. 10.438/2002 estabelecia que o custo do transporte de energia não poderia ultrapassar 50% do valor total para os projetos até 30 MW de potência. No que tange à contratação das instalações, essa seria feita por chamada pública, priorizando instalações por tempo de Licença Ambiental de Instalação (LI) e Licença Prévia Ambiental (LP). A lei definiu também o limite do contrato de fornecimento de 200 MW para cada estado e o índice de 60% de nacionalização de empreendimentos energéticos. Tal índice considera a nacionalização não apenas do equipamento, mas do empreendimento como um todo. Logo depois, este índice acabou sendo flexibilizado para viabilizar projetos eólicos, ainda dependentes de equipamentos importados.

Posteriormente, a Lei n. 10.762, de 11 de novembro de 2003, permitiu a participação de um maior número de estados no programa e excluiu consumidores de baixa renda do pagamento do rateio da compra de energia nova. Em seguida, o Decreto n. 5.025, de 30 de março de 2004, incluiu benefícios financeiros provenientes de créditos de carbono entre as receitas da Conta Proinfa. Por último, a Lei n. 11.075, de 30 de dezembro de 2004, alterou os prazos de celebração de contratos e de início de funcionamento dos empreendimentos. O início de funcionamento previsto para 2006 foi postergado para o final de 2008 para contratos celebrados pela Eletrobras até 30 de junho de 2004.

O Greenpeace (2008), em seu relatório *A caminho da sustentabilidade energética: como desenvolver um mercado de renováveis no Brasil*, apresenta e discute os resultados obtidos com a adoção dos mecanismos de fomento pelos diversos países, inclusive o Brasil; expõe vantagens e desvantagens de cada mecanismo e, por fim, debate resultados e falhas do programa brasileiro de incentivo às fontes alternativas de energia elétrica.

BREVE HISTÓRICO DA EVOLUÇÃO DE ENERGIA EÓLICA

Energia mecânica e moinhos de vento

Um olhar no passado mostra que o uso da energia eólica não é recente. Antigamente esse tipo de energia exercia um papel muito importante no cotidiano das pessoas.

Ainda há dúvidas de quando e onde exatamente a energia eólica começou a ser usada. Especula-se que os moinhos de vento foram usados no Egito, perto de Alexandria, há supostamente 3.000 anos, no entanto, não há provas convincentes de que povos mais desenvolvidos, como egípcios, romanos e gregos, realmente conheciam os moinhos de vento.

A primeira informação confiável extraída de fontes históricas é de que os moinhos de vento surgiram na Pérsia por volta de 200 a.C., onde eram usados na moagem de grãos e bombeamento d'água. Eram moinhos bem primitivos, com baixa eficiência e de eixo vertical, como o mostrado na Figura 1.1.

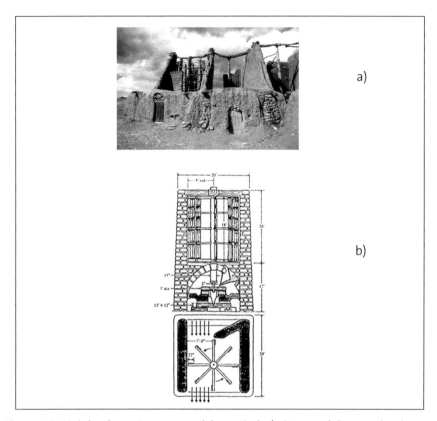

Figura 1.1: Moinho de vento persa modelo vertical. a) vista geral das paredes do moinho; b) pedra do moinho está abaixo do rotor e as velas estão afixadas nas paredes.
Fonte: a) www.ivt.ntu.no/ulleshorpe.
b) Dutra (2001); http://lachigan.files.wordpress.com/2008/10/persian_windmill.jpg

Alguns séculos mais tarde chegaram à Europa notícias de que chineses já usavam os moinhos de vento na drenagem dos seus campos de arroz. Não se sabe há quanto tempo os chineses conheciam essa tecnologia, mas o que se tem conhecimento é de que eram estruturas simples feitas de bambu, velas de pano e tinham eixo de rotação vertical.

Os tradicionais moinhos de ventos de eixo de rotação horizontal provavelmente foram inventados na Europa. A primeira informação documentada registra o seu aparecimento no ano de 1180, em Duchy, Normandia. As máquinas primitivas de eixo vertical persistiram até o século XII, quando os moinhos de vento de eixo horizontal do tipo holandês começaram a ser usados em larga escala em vários países da Europa, tais como Inglaterra, França e Holanda.

Durante a Idade Média, na Europa, a maioria das leis feudais incluía o direito de recusar a permissão à construção de moinhos de vento pelos camponeses, o que os obrigava a usar os moinhos dos senhores feudais para a moagem de grãos (Hau, 2005). Dentro das leis de concessão de moinhos também se estabeleceram leis que proibiam plantações de árvores próximas aos moinhos, assegurando, assim, o "direito ao vento".

Os moinhos na Europa tiveram, sem dúvida, uma forte e decisiva influência na economia agrícola por vários séculos substituindo a força humana e animal (Hau, 2005). Com o desenvolvimento tecnológico das pás, do sistema de controle, dos eixos etc., o uso dos moinhos de vento propiciou a otimização de várias atividades que utilizavam a força motriz do vento.

No século 17, a Holanda foi o país da Europa onde os moinhos de vento tiveram uma importância maior. Além da moagem dos grãos, a drenagem de terras foi a segunda aplicação mais importante dos moinhos, tendo em vista que parte das terras holandesas ficavam abaixo do nível do mar. Comparado à outros países europeus, a Holanda teve, durante os séculos 16 e 17, a sua época de ouro: sua economia esteve fortemente aquecida em função da distribuição de grãos, óleos vegetais e outros alimentos importados que eram beneficiados pelo emprego dos moinhos de vento em larga escala. Outros usos foram surgindo, como o acionamento de serrarias para processar madeira e fabricação de papel, entre outros. Em 1700 havia 1.200 moinhos de vento na região de Zaan, norte de Amsterdam, os quais supriam uma área industrial com toda a potência demandada. A significância econômica dos moinhos de vento continuou a crescer até a metade do século 19, quando existiam na Holanda mais de 9.000 moinhos e na Alemanha mais de 20.000. Por toda a Europa a estimativa era de mais de 200.000 (Hau, 2005).

A Figura 1.2 mostra um moinho de vento do tipo holandês.

Figura 1.2: Moinho de vento do tipo holandês.
Fonte: http://etc.usf.edu/clipast/24788.

Com o surgimento da máquina a vapor no século 19, iniciou-se o declínio da energia eólica na Holanda e em outros países europeus. No início do século 20, existiam apenas 2.500 moinhos em operação na Holanda. No entanto, ainda foram instalados mais alguns no país, demonstrando que a incerteza no regime de ventos, e consequentemente na quantidade de energia gerada por eles, não era considerada uma grave desvantagem frente a conhecida e abundante disponibilidade de vapor usada nas máquinas a vapor. Os moinhos de vento foram finalmente abandonados quando as áreas rurais começaram a ser eletrificadas. Atualmente encontram-se moinhos de vento – alguns preservados, outros nem tanto – na Alemanha (400), Holanda (1.000) e Bélgica (160). Hoje, muitos deles são preservados como monumentos históricos. Porém, mesmo com o declínio no uso desses equipamentos na Europa, houve uma expansão de seu uso nos Estados Unidos em função da necessidade de energização de áreas que não possuíam reservas hídricas. Dessa forma, tais equipamentos receberam inúmeros aperfeiçoamentos, o que proporcionou o desenvolvimento de equipamentos mais simples, menos pesados, mais eficientes e menos custosos. O equipamento denominado *Eclipse*, desenvolvido pelo Reverendo Leonhard R. Wheeler de Wisconsin, bem semelhante aos cata-ventos utilizados atualmente no bombeamento de água, tornou-se o modelo padrão da turbina eólica americana

(Hau, 2005). Em 1930, mais de 6 milhões de moinhos foram fabricados. Todavia, o Programa de Eletrificação Rural causou o declínio do uso desses equipamentos nas áreas rurais. Hoje estima-se que existam 150.000 unidades nos Estados Unidos. Porém, é possível que essa quantidade tenha aumentado. Os cata-ventos multipás (Figura 1.3), como conhecidos hoje, são bem adaptados às condições rurais, tendo em vista suas características de fácil operação e manutenção. Toda a estrutura é de metal e o sistema de bombeamento, constituído por bombas e pistões, é favorecido pelo alto torque em razão do grande número de pás.

Figura 1.3: Exemplo de um cata-vento multipás utilizado em áreas rurais.
Fonte: http://www.flickr.com/photos/james_michael_hill/823811314/..

Energia elétrica e aerogeradores

Quando a energia dos ventos começou a ser transformada em eletricidade por meio dos aerogeradores na segunda metade do século XIX, cidades de maior porte de vários países já recebiam energia elétrica via rede de distribuição gerada por meio de usinas hidrelétricas e termelétricas, porém, as áreas rurais eram desprovidas de energia elétrica, pois não era viável estender a rede até esses locais. Assim, nessa época, o moinho de vento (cata-vento) era a principal tecnologia usada como fonte de energia no meio rural para bombeamento de água. No entanto, o marco inicial no desenvolvimento das modernas turbinas eólicas se deu na Dinamarca com Poul La Cour, professor de um centro educacional para adultos em Askov. Poul La Cour construiu um protótipo de turbina eólica para realizar seus experimentos em 1891. Tratava-se de uma turbina eólica acoplada a um gerador de corrente contínua (CC), cuja energia gerada era utilizada na eletrólise e no armazenamento do gás hidrogênio produzido, o qual foi utilizado em lâmpadas. Por volta de 1908, áreas rurais na Dinamarca estavam sendo alimentadas com energia elétrica gerada pelas turbinas de Poul La Cour e, em 1918, durante a I Guerra Mundial, aproximadamente 120 turbinas estavam em operação no país, por causa do aumento brusco no preço do petróleo. No período que se estendeu até os primeiros anos após o final da II Guerra Mundial, a turbina CC de Poul La Cour foi muito utilizada, pois era tecnicamente mais fácil operá-la em paralelo com as máquinas movidas a diesel e a gás gerando em corrente contínua (CC) que em corrente alternada (CA). As turbinas foram construídas em vários tamanhos com potências entre 10 e 35 kW e rotores com quatro pás de até 20 metros de diâmetro.

Nessa mesma época, a Empresa F.L. Smidth iniciou a fabricação de turbinas com rotores de 17,5 m de diâmetro e potência nominal de 50 kW com velocidade de vento de 11 m/s. Conhecida como *Aeromotor*, esse modelo de turbina possuía duas pás feitas de madeira laminada projetadas para uma velocidade específica de ponta de pá de valor igual a 9 m/s. Foram construídas 12 turbinas desse modelo. Problemas aerodinâmicos resultaram no desenvolvimento de um outro modelo com 24 m de diâmetro que alcançava uma potência nominal de 70 kW com velocidade de vento de 10 m/s. A partir desta, foram construídas 7 montadas em torre de concreto. Com exceção de uma, as turbinas *Aeromotor* geravam energia em corrente contínua (CC).

Antes da I Guerra Mundial, a Alemanha iniciou a fabricação de turbinas eólicas que nada mais eram que cata-ventos modelos americanos adaptados para geração de eletricidade. Pouco tempo depois, Kurt Bilau, reconhecendo que o cata-vento americano que funcionava com baixa rotação não era apropriado para gerar energia elétrica, desenvolveu técnicas que resultaram em modelos com maior velocidade específica de ponta e pá.

Todavia, a maior contribuição da Alemanha foi no campo da física teórica. Albert Betz, em 1920, provou que a máxima eficiência obtida do aproveitamento da energia dos ventos por um disco circular, formato da área marcada pelo giro das pás de uma turbina, é de 59,3%.

Enquanto os alemães se ocupavam principalmente com teorias e grandes planos para a década de 1930, cientistas em outros países desenvolviam também suas turbinas eólicas. Em 1931, a Rússia desenvolveu o aerogerador *Balaklava*, um modelo avançado de três pás de 30 m de diâmetro, 100 kW de potência, conectado a uma usina térmica de 20 MW, por uma linha de transmissão de 6,3 kV e 30 km de extensão. O gerador e o sistema de controle ficavam no alto de uma torre de 30 m de altura, e a rotação era controlada pela variação do ângulo de passo das pás. O controle de posição era feito por meio de uma estrutura de treliças inclinada apoiada sobre um vagão em uma pista circular de trilhos (Hau, 2005). A Figura 1.4 mostra a turbina *Balaklava* desenvolvida em 1931.

Para países como Estados Unidos e Rússia, de grandes dimensões territoriais e empenhados em desbravar os seus territórios, os aerogeradores constituíam uma ótima alternativa para a alimentação de edificações rurais isoladas gerando energia elétrica em corrente contínua e armazenando o excesso em baterias para compensar a falta de geração nos períodos de baixa incidência de ventos.

Figura 1.4: Turbina eólica Balaklava desenvolvida em 1931 na Rússia.
Fonte: Hau (2005).

Os Estados Unidos, uma década antes da implantação do Programa de Eletrificação Rural, realizaram muitos esforços no sentido de levar a energia elétrica aos consumidores localizados em áreas ainda não beneficiadas pela rede pública. Um dos projetos bem-sucedidos foi o aerogerador *Jacobs* (Figura 1.5), desenvolvido em 1920 pelos irmãos Marcellus e Joseph Jacobs. O aerogerador *Jacobs* possuía três pás tipo hélice de madeira, controle centrífugo de passo e diâmetro de 4 m. Esse aerogerador foi um sucesso de venda no país. Entre 1920 e 1960 foram comercializados milhares de modelos com potências nominais entre 1,8 e 3 kW. Em 1960, essa turbina deixou de ser utilizada quando o Ato de Eletrificação Rural Americano conseguiu suprir as fazendas e residências rurais com energia elétrica de menor custo.

Como o fornecimento de energia elétrica às áreas rurais deixou se ser um problema para os Estados Unidos, iniciou-se no país o desenvolvimento de turbinas eólicas de maior potência com o objetivo de conectá-las nas redes elétricas públicas interligadas às centrais elétricas convencionais.

Em 1941, em uma colina do estado de Vermont chamada Grandpa's Knob, foi instalado o aerogerador *Smith-Putnam* (Figura 1.6) cujo modelo apresentava 53,3 m de diâmetro, uma torre de 35,6 m de altura e duas pás de aço com 8 toneladas cada. Possuía um gerador síncrono de 1.250 kW

Figura 1.5: Aerogerador Jacobs utilizado na década de 1930.
Fonte: Hau (2005).

com rotação constante de 28 rpm, que funcionava em corrente alternada, conectado diretamente à rede elétrica local. Em março de 1945, após quatro anos de operação intermitente, uma de suas pás se quebrou por fadiga.

Após a II Guerra Mundial, a disponibilidade e os baixos preços do petróleo e do carvão mineral tornaram a geração de eletricidade com base nesses combustíveis economicamente mais atrativa, fazendo com que o desenvolvimento de turbinas eólicas ficasse restrito às pesquisas voltadas ao aprimoramento de técnicas aeronáuticas na operação e desenvolvimento das pás, além de aperfeiçoamento no sistema de geração. Nessa época ainda não havia a preocupação com os impactos ambientais causados pelas emissões de gases de efeito estufa provenientes das usinas térmicas.

Figura 1.6: Aerogerador Smith-Putnam (1941) – primeira turbina de grande porte desenvolvida.
Fonte: http://wapedia.mobi/thumb/9ac5499/en/fixed/470/542/Mod_5B_wmd_turbine.jpg.

A Inglaterra, durante a década de 1950, promoveu um grande estudo anemométrico em cem localidades das ilhas britânicas, culminando, em 1955, na instalação de um aerogerador de 100 kW em Cape Costa, Ilhas Orkney.

A Dinamarca, no período inicial da II Guerra Mundial, apresentou um dos mais significativos crescimentos em energia eólica em toda a Europa. O sucesso dos aerogeradores de pequeno porte da Companhia F.L. Smidth, que ainda operavam em corrente contínua, possibilitou um projeto de grande porte ainda mais ousado. Projetado por Johannes Juul, um aerogerador de 200 kW com 24 m de diâmetro foi instalado nos anos de 1956 e 1957 na ilha de Gedser. O sistema forneceu energia em corrente alternada para a companhia elétrica Sydøstsjaellands Elektricitets Aktieselskab (SEAS), no período entre 1958 e 1967, quando o fator de capacidade atingiu a meta de 20% em alguns dos anos de operação (Hau, 2005; Dutra, 2007).

A França também se empenhou nas pesquisas de aerogeradores conectados à rede elétrica. Entre 1958 e 1966 foram construídos diversos aerogeradores de grande porte. Um dos modelos apresentava 30 metros de diâmetro de pá com potência de 800 kW a vento de 16,5 m/s. Esse modelo esteve em operação na rede da EDF (Életricité de France), nos anos de 1958 a 1963.

Durante o período entre 1955 e 1968, a Alemanha construiu e operou um aerogerador com o maior número de inovações tecnológicas da época. Os avanços tecnológicos desse modelo persistem até hoje na concepção dos modelos atuais, o que mostra o seu sucesso de operação. Tratava-se de um aerogerador de 34 m de diâmetro que operava com potência de 100 kW, a ventos de 8 m/s. Esse aerogerador possuía rotor leve em materiais compostos, duas pás a juzante da torre, sistema de orientação amortecida por rotores laterais e torres estaiadas feitas de tubos, operando por mais de 4.000 horas entre 1957 e 1978.

O DESENVOLVIMENTO DAS TURBINAS EÓLICAS APÓS A CRISE DO PETRÓLEO

Na década de 1970 a economia mundial ficou severamente abalada em função das duas crises do petróleo provocadas pelas altas sucessivas no preço desse combustível.

Diante desse problema, a Agência Internacional de Energia (International Energy Agency – IEA), criada em 1974, propôs para os países membros da Organização para Cooperação e Desenvolvimento Econômico (OCDE) diretivas para a redução da parte do petróleo da Organização dos Países Exportadores de Petróleo (Opep) em seus abastecimentos energéticos. Nas diretivas propostas, três são os objetivos gerais:

- Diversificar as fontes de importação do petróleo.
- Substituir o petróleo por outras fontes de energia.

- Utilizar a energia com mais racionalidade.

Os sucessivos choques do petróleo propiciaram a retomada de investimentos em energia eólica, bem como outras fontes geradoras de energia em vários países, por exemplo, Estados Unidos, Alemanha e Suécia, que iniciaram pesquisas de novos modelos.

Nos Estados Unidos, com o mercado de aerogeradores de pequeno porte em alta, o governo americano, por meio de seus órgãos de pesquisa, iniciou projetos com modelos de eixo horizontal, vertical e de grande porte, testando e aprimorando várias configurações.

Uma das primeiras atividades sob o Programa Federal de Energia Eólica de 1975 foi a cooperação da Agência Americana de Energia (DOE) e da Nasa no projeto de construção de um modelo experimental de média escala e de eixo horizontal denominado Mod-0. Tratava-se de um aerogerador de 100 kW de potência nominal (com ventos, no eixo do rotor, a 8 m/s), uma torre com 30,5 m e um rotor de 38,1 m de diâmetro. O primeiro modelo foi instalado em 1975 e, durante 10 anos de pesquisas, várias outras configurações foram estudadas. Diversos materiais foram utilizados e novas concepções implementadas de forma a obter os melhores resultados de aproveitamento do vento e de geração de energia. Dentro desse projeto, já em 1979, também foi construído o modelo Mod-0A de 200 kW e 38,1 m de diâmetro. Foram instaladas quatro máquinas que funcionaram até o ano de 1982, acumulando um total de mais de 38.000 horas de operação (Dutra, 2001).

A continuação do Programa Federal de Energia Eólica possibilitou o estudo de turbinas na faixa de megawatts (MW) de potência. O Projeto Mod-1 foi instalado em 1979, em uma pequena montanha perto da cidade de Boone, na Carolina do Norte, Estados Unidos. Tratava-se de um aerogerador de eixo horizontal de 2 MW e rotor de duas pás com 61 m de diâmetro. Outros projetos foram implementados por meio da cooperação Nasa-DOE, tais como o projeto Mod-2 (2,5 MW de potência e diâmetro de 91,4 m) e o Mod-5B (3,5 MW de potência e diâmetro de 100 m) implementado na Ilha de Oahu-Hawaii em 1987 (Figura 1.7).

Pesquisas com turbinas eólicas de eixo vertical utilizando o modelo Darrieus foram iniciadas no Centro de Pesquisas Langley, da Nasa, já no começo da década de 1970.

Figura 1.7: Turbina eólica Mod-5B instalada na Ilha de Oahu-Hawaii.
Fonte: Hau (2005).

O modelo de pás curvas para aerogeradores de eixo vertical foi patenteado por G.J.M. Darrieus, na França, em 1925, e, nos Estados Unidos, em 1931, e foi aperfeiçoado na década de 1960 por South e Raj Rangi, membros do National Research Council do Canadá (Spera, 1994).

Entretanto, o Sandia National Laboratories, instalado na cidade de Albuquerque, Novo México, tornou-se o centro de pesquisa e desenvolvimento de turbinas eólicas de eixo vertical nos Estados Unidos. Pesquisas iniciais foram feitas em um modelo pequeno de 17 m de diâmetro, 100 kW, cuja principal finalidade estava na adaptação de formas e materiais para que o modelo Darrieus de eixo vertical se tornasse competitivo com os modelos de eixo horizontal (Sandia, 2000 apud Dutra, 2001). Os testes com modelos Darrieus continuaram. Entre 1984 e 1987, um modelo de 34 m de 635 kW foi projetado e instalado pela Sandia no campo de testes do Departamento de Agricultura Americano em Bushland, Texas. Essa turbina de eixo vertical trouxe consigo um grande número de avanços tecnológicos para operação em grandes potências. Entretanto, foi o modelo de 17 m de 100 kW das turbinas de eixo vertical de uso comercial que mostrou-se mais convidativo ao mercado gerador. No início dos anos de 1980 foram instalados aproximadamente 600 modelos Darrieus com potência total instalada superior a 90 MW no estado da Califórnia (Hau, 2005). A Figura 1.8 mostra uma turbina eólica tipo Darrieus de 4 MW instalada em Cap Chat, Quebec, em 1990.

Os alemães também desenvolveram modelos para fins de pesquisa no período dos dois choques do petróleo. Em 1982, construíram a maior turbina eólica até então instalada: o *Growian* (*Grobe Windenergieanlage*). Tratava-se de um modelo que representava as mais altas tecnologias disponíveis até o momento. Uma turbina era fixada a uma torre tubular flexível com 100 m de altura e 100 m de diâmetro de rotor, com duas pás e capacidade para gerar 3.000 kW a ventos de 11,8 m/s. Mesmo sendo um projeto de grande relevância para o desenvolvimento de grandes turbinas eólicas, o funcionamento da turbina nunca foi satisfatório, o que levou ao encerramento do projeto após o período de testes.

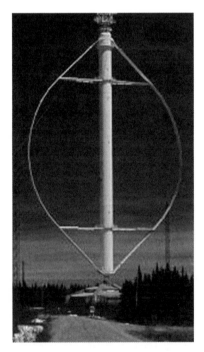

Figura 1.8: Turbina eólica de eixo vertical de 4 MW instalada em Quebec, 1990.
Fonte: Gipe (2010).

Evolução no tamanho das turbinas

O comércio das turbinas eólicas no mundo se desenvolveu rapidamente em tecnologia e tamanho durante os últimos anos. As turbinas modernas são mais confiáveis, custam menos e são mais silenciosas. Apesar do nível tecnológico atingido, os aperfeiçoamentos continuam. Ainda é possível diminuir os custos gerados por essa tecnologia em sítios *onshore* com menores intensidades de ventos, mas o desenvolvimento de turbinas para aplicação *offshore* ainda não atingiu sua fase madura, pois esse é um mercado mais recente e que está em fase acelerada de exploração.

É grande a pressão para que os custos sejam reduzidos. Oportunidades existem. Novas aplicações, como a *offshore*, constituem desafios a serem vencidos pelas várias áreas do conhecimento, especialmente as engenharias mecânica, elétrica, de materiais, aeronáutica, de controle e civil, bem como a ciência da computação.

A Figura 1.9 mostra o impressionante desenvolvimento do tamanho e da potência de turbinas eólicas desde 1985. Em 2005, as turbinas eólicas alcançaram uma potência unitária de 4,5 MW. Em 2006, esse patamar foi superado pelas turbinas de 6 MW instaladas a 126 m de altura, destinadas sobretudo a aplicações *offshore*. Há previsão de que no ano de 2012 a potência das turbinas alcance patamares em torno de 10 MW em função dos projetos em curso na Europa. Tal fato mostra que, em termos gerais, as turbinas eólicas ainda não alcançaram seus limites de tamanho tanto *onshore* quanto *offshore*.

A indústria alemã, por exemplo, em um primeiro momento subsidiada pelo governo, aprimorou-se na busca de novos mercados investindo em tecnologia de novos modelos. Com um mercado crescente e promissor, a indústria eólica passou a investir na viabilidade técnica e comercial de novos modelos de turbinas operando com potência na faixa de MW. Programas governamentais destinados ao fomento do mercado eólico interno tiveram início no final da década de 1980 com o Programa Experimental de 250 MW e, mais tarde, no início da década de 1990, com a Lei de Alimentação de Eletricidade. Essa Lei vigorou por toda a década de 1990, garantido a expansão da indústria alemã tanto para o mercado interno quanto para o externo.

Nos Estados Unidos, o grande passo foi a viabilização político-institucional possibilitada pelas leis americanas. A lei que regulamenta a geração de eletricidade pela iniciativa privada, denominada Purpa (*Public Utility Regulatory Purchase Act*), além de instituir a compra de energia pelas companhias de eletricidade, beneficia os investimentos em máquinas eólicas de geração com incentivos fiscais.

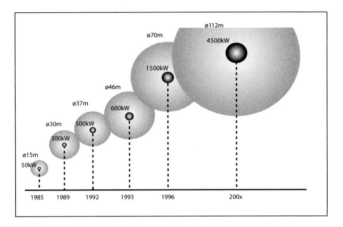

Figura 1.9: Evolução do tamanho dos aerogeradores nos últimos 20 anos.
Fonte: Danish Wind Industry Association (2010).

O crescimento da indústria eólica na Europa e nos Estados Unidos possibilitou investimentos privados direcionados a modelos cada vez maiores para o mercado *onshore* e também para o incipiente e promissor mercado *offshore*. Diversos países, entre eles Dinamarca, Suécia, Reino Unido e Estados Unidos, empenharam-se, entre os anos de 1977 e 1986, em estudos de viabilidade técnica-econômica para aplicações de grande escala *offshore*. Todos os grandes projetos serviram de importante referência nos estudos realizados pela IEA através do seu Programa de Energia Eólica. Um desses estudos apresentado pela IEA mostrou comparações nos tipos de instalações das turbinas, variação no diâmetro do rotor entre 70 e 100 m além da faixa de potência, que deveria estar entre 3 e 6 MW. De uma maneira geral, o estudo feito pela IEA mostrou-se muito otimista quanto à utilização em larga escala de turbinas eólicas e também quanto aos impactos no custo de geração.

Em termos numéricos, a indústria eólica é uma das mais pulverizadas. Existem hoje mais de 10 empresas fabricantes de turbinas eólicas de grande porte ao redor do mundo, e mesmo a empresa de maior parcela de mercado não detém mais que 23% do mercado mundial. A Tabela 1.3 mostra a participação das 10 maiores empresas internacionais no comércio de turbinas eólicas de grande porte em 2006.

Tabela 1.3: Participação no comércio das empresas internacionais fabricantes de turbinas eólicas

FABRICANTE	POTÊNCIA INSTALADA 2006 (MW)	PARTICIPAÇÃO NA POTÊNCIA INSTALADA EM 2006 (%)	POTÊNCIA ACUMULADA EM 2006 (MW)	PARTICIPAÇÃO NA POTÊNCIA ACUMULADA EM 2006 (%)
Vestas	4.239	28	25.006	34
Gamesa	2.346	16	10.259	14
GE Wind	2.326	15	9.686	13
Enercon	2.316	15	11.001	18
Suzlon	1.157	8	2.641	4
Siemens	1.103	7	5.605	8
Nordex	505	3	3.209	4
Repower	480	3	2.002	3
Acciona	426	3	798	1
Goldwin	416	3	627	1
Outros	689	5	7.267	10
Total	16.003			

Fonte: Merril e BTM Consult (2009).

Turbinas *Offshore*

A primeira fazenda *offshore* a operar comercialmente foi a Fazenda Eólica de Vindeby, instalada em 1991 na Dinamarca e projetada pela concessionária dinamarquesa Elkraft. Era uma pequena fazenda composta de 11 turbinas Bonus de 450 kW instaladas a 1,5 e 3 km da costa em águas rasas (2,5 a 5 m de profundidade). Cada turbina utilizou uma larga fundação de base cônica pesando aproximadamente 1.000 t no total. Cerca da metade do peso da fundação era formada por cascalho e areia do fundo do mar, o que melhora consideravelmente sua sustentação. A Figura 1.10 mostra uma vista geral da fazenda *offshore* de Vindeby.

Figura 1.10: Vista geral da Fazenda Eólica de Vindeby.
Fonte: Dutra (2001).

Nos 10 anos seguintes, poucos projetos demonstrativos foram implementados na Dinamarca, Holanda e Suécia. Por serem projetos demonstrativos, foram instalados próximos da costa em lâmina d'água entre 3 e 5 m e apresentaram custos de construção muito elevados, demonstrando uma ineficiência econômica comparada às centrais *onshore*. A Tabela 1.4 mostra os projetos *offshore* de demonstração instalados entre 1991 e 1998. Porém, serviram como incentivo, pois, hoje, quase todos os países situados no Mar Báltico e no norte europeu possuem centrais *offshore* comerciais com planos de expansão para os próximos anos.

As primeiras centrais *offshore* comerciais começaram a ser instaladas no final da década de 1990. Hoje, turbinas eólicas na classe de MW estão disponíveis para essa aplicação e, tendo em vista o aumento da potência com o consequente aumento no diâmetro das pás, as centrais eólicas estão sendo instaladas em profundidades maiores.

Países como Dinamarca, Alemanha, Inglaterra, Suécia e Holanda, entre outros, possuem planos para instalação de centrais eólicas *offshore*. Por exemplo, a Dinamarca tem planos de instalação de mais de 4.000 MW de potência eólica em plantas *offshore* até 2030. O desenvolvimento de novas tecnologias, o barateamento das fundações e novas pesquisas no perfil de vento *offshore* vêm aumentando a confiança das indústrias eólicas dinamarquesas na nova fronteira do desenvolvimento eólico. Com as experiências em Vindeby e Tuno Knob, a Dinamarca tem despontado como grande interessada em novos investimentos, especificamente nas instalações *offshore*.

Tabela 1.4: Projetos de centrais *offshore* de demonstração instalados entre 1991 e 1998

LOCALIZAÇÃO	INÍCIO DE OPERAÇÃO	POTÊNCIA INSTALADA	LÂMINA D'ÁGUA (METROS)	DISTÂNCIA DA COSTA (KM)	CUSTO UNITÁRIO DE INVESTIMENTO (US$/KW)
Vindeby, Báltico (Dinamarca)	1991	11 turbinas Bonus de 450 kW cada	3-5	1-5	2.015
Lely, Ijsselmeer (Holanda)	1994	4 turbinas Nedwind de 500 kW cada	5-10	1	2.360
Lely, Mar do Norte (Holanda)	1994	4 turbinas Nedwind de 500 kW cada	5-20	6	2.600
Tuno Knob, Báltico (Dinamarca)	1995	10 turbinas Vestas de 500 kW cada	3-5	6	1.935
Dronten, Mar do Norte (Noruega)	1996	28 turbinas Nordtank de 600 kW cada	5	0,2	1.500
Bockstingen, Mar do Norte (Suécia)	1998	5 turbinas Wind World de 500 kW cada	5-6	4,5	2.040

Fonte: Hau (2005).

EVOLUÇÃO MUNDIAL NA OFERTA DE ENERGIA EÓLICA

Nos últimos doze anos o vento tem sido a fonte primária de energia elétrica de maior ritmo de expansão no mundo, apresentando incremento exponencial da potência instalada. Entre 1990 e 2008, a geração eólica cresceu à taxa média de 27% ao ano, alcançando 121.000 MW, dos quais mais de 54% estão instalados na Europa e o restante concentrado na América do Norte, na Ásia e em outros continentes em menor escala (Figura 1.11).

Na Ásia observa-se forte expansão da geração eólica, concentrada na Índia e na China, países que, rapidamente, por meio de aquisição de tecnologia ou de associações com fabricantes europeus e norte-americanos, desenvolveram a indústria de aerogeradores, enquanto na América Latina e na África o uso dessa fonte energética é ainda incipiente (Figura 1.12).

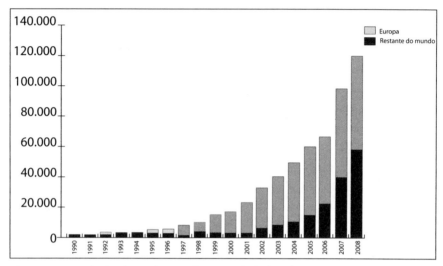

Figura 1.11: Evolução da potência eólica instalada (MW).
Fonte: GWEC (2008).

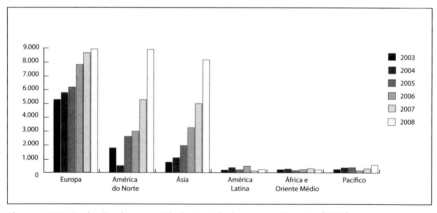

Figura 1.12: Evolução da capacidade instalada por continente (MW).
Fonte: GWEC (2008).

A Alemanha, que até 2007 se destacava como o país detentor da maior potência instalada em centrais eólicas no mundo, com 22.227 MW, foi superada pelo Estados Unidos. A Dinamarca e a Espanha detêm os maiores índices de participação eólica no parque gerador, 22 e 12% respectivamente. Já os Estados Unidos, pelo quarto ano consecutivo, a China e a Índia lideraram a expansão em 2008 (Tabela 1.5).

Tabela 1.5: Adições de potência e capacidade instalada em 2008

PAÍS	POTÊNCIA (MW)	
	INCREMENTO	INSTALADA
Estados Unidos	8.358	25.170
China	6.300	12.210
Índia	1.800	9.645
Alemanha	1.665	23.903
Espanha	1.609	16.754
Itália	1.010	3.736
França	950	3.404
Reino Unido	836	3.241
Portugal	712	2.862
Canadá	523	2.369
Restante do mundo	3.293	17.497

Fonte: GWEC (2008).

Evolução nos preços das turbinas eólicas

Atualmente, temos disponíveis no mercado turbinas eólicas com potência unitária que alcança o patamar de 6.000 kW. Durante os últimos quinze anos, houve um enorme progresso no sentido de reduzir os custos dessas turbinas. As primeiras séries de turbinas fabricadas e comercializadas na década de 1980 nos Estados Unidos e Dinamarca, com potências bem inferiores, apresentavam custos na ordem de 5.000 US$/kW. Atualmente as turbinas estão sendo comercializadas a preços inferiores a 1.000 US$/kW. Esse custo já permite a operação econômica dessas turbinas em relação a algumas fontes convencionais, mesmo em locais com regimes de vento menores.

O grande desafio para os próximos anos é reduzir ainda mais o custo das turbinas e há potencial para vencer esse desafio. Em primeiro lugar, o estado de desenvolvimento tecnológico atingido até o momento ainda oferece oportunidades para soluções com custos mais efetivos: materiais mais leves, estruturas mais simples etc.; em segundo lugar, o custo pode ser consideravelmente reduzido se forem produzidas grandes quantidades de turbinas. Obviamente, nunca a linha de produção irá se assemelhar à linha de produção de um automóvel, porém, como preços não são idênticos a custos, a economia de escala, regra elementar da economia que também se aplica às turbinas, faz com que os fabricantes considerem a situação do mercado na formação de seus preços de tal forma que suas margens de lucros variem a depender do tempo e localização.

Oferta de energia eólica no Brasil

A primeira turbina eólica instalada no país, em 1992, no Arquipélago de Fernando de Noronha, possuía gerador com potência de 75 kW, rotor de 17 m de diâmetro e torre de 23 m de altura (Figura 1.13). Outra instalação

Figura 1.13: Primeira turbina eólica instalada no Brasil – Arquipélago de Fernando de Noronha.

Fonte: http://www.aneel.gov.br/aplicacoes/atlas/energiaeolica/6_6_1.htm.

antiga é a Central Eólica Experimental no Morro de Camelinho, instalada na cidade de Gouveia (MG), em 1994. Com capacidade nominal de 1 MW, a central é constituída por quatro turbinas de 250 kW, tem rotor de 29 m de diâmetro e torre de 30 m de altura. De 2003 a 2009, várias centrais eólicas foram instaladas impulsionadas pelo Proinfa. De acordo com a Agência Nacional de Energia Elétrica (Aneel, 2010a), atualmente no Brasil existem 39 parques eólicos em operação, que somam 740.784 MW instalados. Em construção, existem 8 parques eólicos com potência total de 123,6 MW. Além disso, cerca de 39 projetos que perfazem uma potência de 2.020,481 MW, mas que ainda não iniciaram sua construção, foram outorgados pela Aneel. Até o momento, a maior central eólica em operação no Brasil é o Parque Eólico de Osório (RS). É constituída por 75 turbinas de 2 MW, ou seja, 150 MW total instalados com incentivos do Proinfa.

A Tabela 1.6 apresenta a relação de centrais eólicas em operação no Brasil até o final de 2008.

Tabela 1.6: Usinas em operação no Brasil

USINAS DO TIPO EOL EM OPERAÇÃO					
USINA	POTÊNCIA OUTORGADA (kW)	POTÊNCIA FISCALIZADA (kW)	DESTINO DA ENERGIA	PROPRIETÁRIO	MUNICÍPIO
Eólica de Prainha	10.000	10.000	PIE	100% para Wobben Wind Power Indústria e Comércio Ltda.	Aquiraz – CE
Eólica de Taíba	5.000	5.000	PIE	100% para Wobben Wind Power Indústria e Comércio Ltda.	São Gonçalo do Amarante – CE
Eólica-Elétrica Experimental do Morro do Camelinho	1.000	1.000	REG	100% para Cemig Geração e Transmissão S.A.	Gouveia – MG
Eólio-Elétrica de Palmas	2.500	2.500	PIE	100% para Centrais Eólicas do Paraná Ltda.	Palmas – PR
Eólica de Fernando de Noronha	225	225	REG	100% para Centro Brasileiro de Energia Eólica – Fade/UFPE	Fernando de Noronha – PE

(continua)

Tabela 1.6: Usinas em operação no Brasil *(continuação)*

		USINAS DO TIPO EOL EM OPERAÇÃO			
USINA	**POTÊNCIA OUTORGADA (kW)**	**POTÊNCIA FISCALIZADA (kW)**	**DESTINO DA ENERGIA**	**PROPRIETÁRIO**	**MUNICÍPIO**
Parque Eólico de Beberibe	25.600	25.600	PIE	100% para Eólica Beberibe S.A.	Beberibe – CE
Mucuripe	2.400	2.400	REG	100% para Wobben Wind Power Indústria e Comércio Ltda.	Fortaleza – CE
RN 15 – Rio do Fogo	49.300	49.300	PIE	100% para Energias Renováveis do Brasil S.A.	Rio do Fogo – RN
Eólica de Bom Jardim	600	600	REG	100% para Parque Eólico de Santa Catarina Ltda.	Bom Jardim da Serra – SC
Foz do Rio Choró	25.200	25.200	PIE	100% para SIIF Cinco Geração e Comercialização de Energia S.A.	Beberibe – CE
Praia Formosa	105.000	104.400	PIE	100% para Eólica Formosa Geração e Comercialização de Energia S.A.	Camocim – CE
Eólica Olinda	225	225	REG	100% para Centro Brasileiro de Energia Eólica – Fade/UFPE	Olinda – PE
Eólica Canoa Quebrada	10.500	10.500	PIE	100% para Rosa dos Ventos Geração e Comercialização de Energia S.A.	Aracati – CE
Lagoa do Mato	3.230	3.230	PIE	100% para Rosa dos Ventos Geração e Comercialização de Energia S.A.	Aracati – CE
Parque Eólico do Horizonte	4.800	4.800	REG	100% para Central Nacional de Energia Eólica Ltda.	Água Doce – SC
Eólica Icaraizinho	54.600	54.600	PIE	100% para Eólica Icaraizinho Geração e Comercialização de Energia S.A.	Amontada – CE

(continua)

Tabela 1.6: Usinas em operação no Brasil *(continuação)*

USINAS DO TIPO EOL EM OPERAÇÃO

USINA	POTÊNCIA OUTORGADA (kW)	POTÊNCIA FISCALIZADA (kW)	DESTINO DA ENERGIA	PROPRIETÁRIO	MUNICÍPIO
Eólica Paracuru	23.400	23.400	PIE	100% para Eólica Paracuru Geração e Comercialização de Energia S.A.	Paracuru – CE
Eólica Praias de Parajuru	28.800	28.804	PIE	100% para Central Eólica Praia de Parajuru S.A.	Beberibe – CE
Pedra do Sal	18.000	18.000	PIE	100% para Eólica Pedra do Sal S.A.	Parnaíba – PI
Parque Eólico Enacel	31.500	31.500	PIE	100% para Bons Ventos Geradora de Energia S.A.	Aracati – CE
Macau	1.800	1.800	REG	100% para Petróleo Brasileiro S.A.	Macau – RN
Canoa Quebrada	57.000	57.000	PIE	100% para Bons Ventos Geradora de Energia S.A.	Aracati – CE
Eólica Água Doce	9.000	9.000	PIE	100% para Central Nacional de Energia Eólica Ltda.	Água Doce – SC
Parque Eólico de Osório	50.000	50.000	PIE	100% para Ventos do Sul Energia S.A.	Osório – RS
Parque Eólico Sangradouro	50.000	50.000	PIE	100% para Ventos do Sul Energia S.A.	Osório – RS
Taíba Albatroz	16.500	16.500	PIE	100% para Bons Ventos Geradora de Energia S.A.	São Gonçalo do Amarante – CE
Parque Eólico dos Índios	50.000	50.000	PIE	100% para Ventos do Sul Energia S.A.	Osório – RS
Bons Ventos	50.000	50.000	PIE	100% para Bons Ventos Geradora de Energia S.A.	Aracati – CE
Millennium	10.200	10.200	PIE	100% para SPE Millennium Central Geradora Eólica S.A.	Mataraca – PB
Presidente	4.800	4.500	PIE	100% para Vale dos Ventos Geradora Eólica S.A.	Mataraca – PB

(continua)

Tabela 1.6: Usinas em operação no Brasil *(continuação)*

USINAS DO TIPO EOL EM OPERAÇÃO					
USINA	POTÊNCIA OUTORGADA (kW)	POTÊNCIA FISCALIZADA (kW)	DESTINO DA ENERGIA	PROPRIETÁRIO	MUNICÍPIO
Camurim	4.800	4.500	PIE	100% para Vale dos Ventos Geradora Eólica S.A.	Mataraca – PB
Albatroz	4.800	4.500	PIE	100% para Vale dos Ventos Geradora Eólica S.A.	Mataraca – PB
Coelhos I	4.800	4.500	PIE	100% para Vale dos Ventos Geradora Eólica S.A.	Mataraca – PB
Coelhos III	4.800	4.500	PIE	100% para Vale dos Ventos Geradora Eólica S.A.	Mataraca – PB
Atlântica	4.800	4.500	PIE	100% para Vale dos Ventos Geradora Eólica S.A.	Mataraca – PB
Caravela	4.800	4.500	PIE	100% para Vale dos Ventos Geradora Eólica S.A.	Mataraca – PB
Coelhos II	4.800	4.500	PIE	100% para Vale dos Ventos Geradora Eólica S.A.	Mataraca – PB
Coelhos IV	4.800	4.500	PIE	100% para Vale dos Ventos Geradora Eólica S.A.	Mataraca – PB
Mataraca	4.800	4.500	PIE	100% para Vale dos Ventos Geradora Eólica S.A.	Mataraca – PB
Total: 39 Usina(s)			Potência Total: 740.784 kW		

Fonte: Aneel (2009).

A Figura 1.14 mostra o Parque Eólico de Osório.

Apesar do custo médio da energia eólica no Brasil ainda ser elevado para viabilizar a sua participação em bases concorrenciais no atendimento do crescimento da demanda de energia elétrica, o cadastramento de empreendimentos eólicos nos leilões de energia de 2008 mostrou que há um efetivo interesse dos investidores nesse tipo de fonte geradora de eletricidade. A Tabela 1.7 mostra a quantidade de projetos cadastrados nos leilões de energia nova ocorridos em 2008.

Figura 1.14: Parque Eólico de Osório (RS).
Fonte: http://hagahguialocal.com.br/rbs/image/7635911.jpg.

Tabela 1.7: Projetos eólicos cadastrados nos leilões de energia nova em 2008

	NÚMERO DE PROJETOS	POTÊNCIA HABILITÁVEL	QUANTIDADE DE PROJETOS*	POTÊNCIA
Leilão A-3	63	3.570	17%	9%
Leilão A-5	29	1.601	11%	4%

*Nota: % de leilões.
Fonte: EPE (2009).

Apesar do grande número de projetos eólicos cadastrados nos leilões, a participação de empreendedores nesses eventos declinou em 2008, assim como no leilão de fontes alternativas (FAR), ocorrido em 2007, confirmando a necessidade de tratamento econômico diferenciado, apesar do fator de capacidade médio das usinas candidatas, próximo a 34%, ser bastante superior aos valores típicos observados na Europa.

Tendo em vista o não cumprimento da meta estabelecida no Proinfa para as centrais eólicas em função, principalmente, do elevado custo das turbinas e da exigência de índice de nacionalização de 60% e da não viabilização da participação dessas nos leilões de energia, também em função do elevado custo de geração de energia comparado aos custos das demais fontes geradoras, o Ministério de Minas e Energia (MME), em 2008, iniciou uma revisão das regras do Proinfa e, ao mesmo tempo, busca uma nova alternativa para inserção das eólicas no mercado de energia por meio da implantação de leilões específicos para as centrais eólicas. Em dezembro de 2009, foi realizado o 2º Leilão de Energia de Reserva para contratação de empreendimentos de geração de energia eólica. O leilão contou com a participação de 339 usinas (136 agentes) e capacidade total de 10.005 MW a serem negociados em contratos de vinte anos e entregues a partir de julho de 2012. Foram contratados 753 MW médios de energia de 71 usinas, com capacidade total de 1.805,7 MW.

A partir do Proinfa, desenvolveu-se no país uma indústria nacional de turbinas eólicas com capacidade de produção próxima de 750 MW por ano e com índice de nacionalização da ordem de 70%.

Novas fábricas de turbinas eólicas de grande porte estão se instalando no país com o objetivo de atender o mercado criado principalmente pelo leilão de energia ocorrido em dezembro de 2009.

No que diz respeito às turbinas eólicas de pequeno porte, existe apenas um fabricante nacional. Para algumas faixas de potência, o mercado interno depende de importações. Essas turbinas têm sua aplicação no atendimento de cargas em locais remotos, não atendidos por rede elétrica.

No que tange ao potencial eólico brasileiro, pode-se considerar que o Brasil é favorecido em ventos, que se caracterizam por uma presença duas vezes maior que a média mundial e com uma variabilidade menor em uma área extensa, que o torna mais previsível.

Estudos recentes têm mostrado que existe uma complementaridade entre os recursos eólicos e hidráulicos em algumas regiões do Brasil, o que pode se constituir em um grande benefício às centrais eólicas ligadas ao sistema elétrico interligado, pois essas podem operar de forma a ajudar a preservar água dos reservatórios das usinas hidrelétricas em períodos de estiagem. Além disso, tendo em vista que o potencial hidráulico remanescente para construção de grandes usinas hidrelétricas está na região amazônica, a qual não possui rios com quedas acentuadas, as usinas hidrelétricas a serem instaladas serão do tipo a fio d'água, ou seja, usinas com baixa capacidade de regularização das vazões, tornando a sua produção de energia bastante variável. As usinas eólicas podem se tornar interessantes, pois poderão funcionar como os reservatórios das usinas hidrelétricas da Amazônia no período seco, além de possibilitarem a redução dos despachos das usinas termelétricas interligadas ao sistema e que usam combustíveis fósseis.

O Atlas do Potencial Eólico Brasileiro, elaborado em 2001 pelo Centro de Pesquisa em Energia Elétrica vinculada à Eletrobras (Cepel), indicava a disponibilidade de 143.000 MW, não incluído o montante *offshore*.

O levantamento levou em conta a tecnologia de geração eólica então predominante na época, que se limitava às turbinas eólicas de menor potência instaladas a 50 m do solo. O Atlas mostra que, excetuada a região amazônica, o potencial dos ventos se distribui pelo território nacional, sendo mais intenso entre os meses de junho a dezembro (Figura 1.15), em coincidência com os meses de menor pluviosidade.

A Figura 1.16 mostra que as regiões com maior potencial medido são o Nordeste, não apenas a faixa costeira que abrange o Rio Grande do Norte, Ceará, Piauí e Maranhão, mas também a faixa interiorana, que se inicia no mar do Piauí até o norte de Minas Gerais.

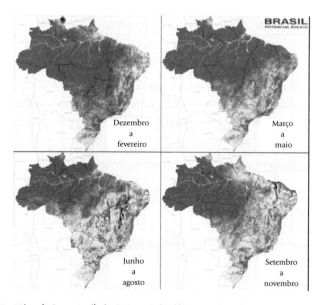

Figura 1.15: Atlas (trimestral) do Potencial Eólico Nacional.
Fonte: http://www.cresesb.cepel.br/atlas_eolico_brasil/mapas_2a.pdf.

Figura 1.16: Potencial eólico distribuído entre as regiões brasileiras.
Fonte: EPE (2009).

Mais recentemente, diversos estados da federação, como São Paulo, Bahia, Alagoas e Rio Grande do Sul, iniciaram os trabalhos de mapeamento eólico de seus territórios, com medidas de velocidade dos ventos feitas em alturas superiores a 80 m tendo em vista a tendência de utilização de turbinas eólicas instaladas em estruturas (torres) acima de 100 m do solo. Também está em fase de preparação pelo Cepel um novo Atlas Eólico com medidas de vento a 100 m de altura. Como resultado, o valor numérico do potencial eólico brasileiro deve aumentar consideravelmente.

EXERCÍCIOS

1. O incentivo às fontes renováveis, particularmente às "novas fontes renováveis" (o que exclui as centrais hidrelétricas de médio e grande porte), em geral, visa atender objetivos estratégicos relacionados, com maior ou menor ênfase, dependendo do país, a) à segurança energética, b) à redução dos gases de efeito estufa e c) à geração de emprego e renda. Discuta cada um desses tópicos.

2. Existem vários instrumentos de incentivo sendo utilizados na política de promoção das novas fontes renováveis de energia ao redor do mundo. Aponte os principais e descreva as diferenças entre eles.
3. Nos últimos doze anos o vento tem sido a fonte primária de energia elétrica de maior ritmo de expansão no mundo, apresentando incremento exponencial da potência instalada. Entre 1990 e 2008, a geração eólica cresceu à taxa média de 27% ao ano, alcançando 121.000 MW, dos quais mais de 54% estão instalados na Europa e o restante concentrado na América do Norte, na Ásia e em outros continentes em menor escala. Apresente e discuta os principais fatores que contribuíram para essa expansão.
4. O grande desafio para os próximos anos é reduzir ainda mais o custo das turbinas e há potencial para vencer esse desafio. Discuta várias das oportunidades para que esse desafio seja possível.
5. Discuta de que forma a existência de complementaridade entre os recursos hidráulicos e eólicos pode se constituir em um grande benefício às centrais eólicas ligadas ao SIN (Sistema Interligado Nacional).

2 | Recursos eólicos – caracterização dos ventos

INTRODUÇÃO

No passado, informações sobre os recursos eólicos eram obtidas e avaliadas exclusivamente do ponto de vista meteorológico. No entanto, essas informações não eram adequadas e suficientes para uma avaliação do potencial de transformação desses recursos em energia elétrica por meio de aerogeradores. As torres meteorológicas, por exemplo, não forneciam informações sobre as condições do vento em um local com um determinado tipo de terreno, nem a variação da velocidade do vento com a altura.

Somente há duas décadas é que campanhas de medição de ventos têm sido realizadas em vários países com o objetivo de obter uma avaliação mais apurada das condições de vento em diferentes tipos de relevo, rugosidade do solo e em diferentes alturas, a fim de uma avaliação mais precisa do aproveitamento energético dos ventos. Hoje existem bases de dados e mapas eólicos com informações de vários anos provenientes de torres anemométricas e medições realizadas nas próprias centrais eólicas.

Apesar da existência de mapas ou atlas eólicos, o projeto de uma central eólica não pode se basear exclusivamente nesses dados. Uma vez definido o lugar de interesse para implantação de aerogeradores, é necessário instalar no local uma ou mais torres anemométricas, conforme a dimensão do local e mudanças na topografia e rugosidade do terreno, com sensores instalados preferencialmente na altura do cubo do aerogerador, coletando dados por um período mínimo de um ano, para verificar variabilidade dos ventos ao longo dos meses. A previsão de dados de longo prazo pode ser obtida com o uso de modelos matemáticos.

É importante que os dados coletados sejam confiáveis e que se tenha um bom conhecimento das leis que governam o comportamento dos ventos, pois a potência contida no vento é proporcional ao cubo de sua velocidade, ou seja, pequenas variações na velocidade do vento causam grandes variações na sua potência, a qual será transformada em energia elétrica pelos aerogeradores. Um projeto eficiente, otimizado, está extensivamente condicionado à qualidade dos dados de vento utilizados.

MODELOS DE CIRCULAÇÃO DO VENTO

O movimento das massas de ar na atmosfera é percebido como ventos e a sua formação têm como causas o aquecimento e a rotação da Terra e a influência de efeitos térmicos.

Os ventos que sopram na Terra podem ser classificados como ventos de circulação global e local. Os ventos de circulação global são resultantes das variações de pressão, temperatura e densidade causadas pelo aquecimento desigual da Terra por meio da radiação solar, que varia em função da distribuição geográfica, período do dia e sua distribuição anual.

A quantidade de radiação solar absorvida pela superfície da Terra próxima à linha Equador é maior do que a absorvida nos polos. Isso faz com que ventos das superfícies frias circulem dos polos para o Equador para substituir o ar quente que sobe nos trópicos, e move-se pela atmosfera superior até os polos, fechando o ciclo.

A rotação da Terra também afeta esses ventos planetários. Cada partícula de ar tem um momento angular. A inércia do ar frio, que se move perto da superfície em direção ao Equador, tende a girá-lo para o oeste, enquanto o ar quente, movendo-se na atmosfera superior em direção aos polos, tende a ser desviado para o leste. Isso causa uma grande circulação anti-horária em torno de áreas de baixa pressão no Hemisfério Norte e circulação horária no Hemisfério Sul. Uma vez que o eixo de rotação da Terra é inclinado em relação ao plano no qual ela se move em torno do Sol, ocorrem variações sazonais na intensidade e direção do vento em qualquer lugar na superfície do planeta. Em adição ao gradiente de pressão e às forças causadas pela rotação da Terra (Força de Coriolis), forças gravitacionais, inércia do ar e fricção deste com a superfície da Terra (resultando em turbulência) afetam os ventos atmosféricos. A Figura 2.1 ilustra o comportamento dos ventos de circulação global que cobrem todo o planeta.

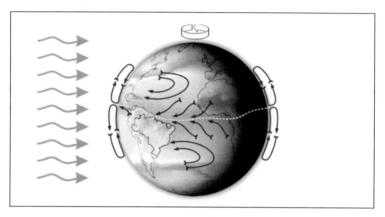

Figura 2.1: Ventos de circulação global.
Fonte: https://www.cresesb.cepel/tutorial/tutorial_eolia_e_book.pdf.

Nas grandes altitudes, o ar se move ao longo de linhas de mesma pressão (isolinhas). Esse movimento de massas de ar a uma altitude de mais de 600 m é conhecido como ventos geotrópicos. Nessa altura o fluxo de ar está livre da influência da superfície. Nas altitudes mais baixas, as diferentes superfícies da Terra, compostas por massas de água, terra e vegetação, afetam significativamente o fluxo de ar devido a variações de pressão, absorção de diferentes quantidades de radiação solar (efeito térmico) e umidade, ou seja, efeitos climáticos próximos à superfície. Essa parte da atmosfera cujos ventos são influenciados pela superfície é conhecida como camada limite.

Além do sistema de vento global (Equador – polos), há também os modelos de vento locais, como os do "mar para o continente" e vice-versa e o dos "vales para as montanhas" e vice-versa.

As brisas marítimas e terrestres são geradas nas áreas costeiras como resultado da diferença das capacidades de absorção de calor da terra e do mar. Durante o dia, em virtude da maior capacidade da terra em refletir os raios solares, a temperatura do ar aumenta e, como consequência, forma-se uma corrente de ar que sopra do mar para a terra (brisa marítima). À noite, a temperatura da terra cai mais rapidamente do que a temperatura da água e, assim, ocorre a brisa terrestre que sopra da terra para o mar.

Os ventos das montanhas e vales são formados durante o dia. O ar frio da montanha se aquece e quando esse ar quente se eleva, dá lugar ao ar frio que flui dos vales. No período noturno, o fluxo se inverte, com o ar frio da montanha penetrando nos vales, e o ar quente dos vales subindo em direção à montanha. A Figura 2.2 ilustra esse comportamento.

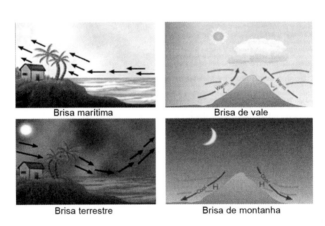

Figura 2.2: Circulação local dos ventos.
Fonte: Aneel (2009).

VARIAÇÕES TEMPORAIS E ESPACIAIS DA VELOCIDADE DOS VENTOS

Os modelos descritos anteriormente se constituem em um dos que acontecem na superfície da Terra influenciados por sistemas climáticos associados a diferentes escalas de tempo e espaço. Essas escalas dependem, fundamentalmente, das condições geográficas do local.

As escalas de tempo e espaço são divididas em:

- *Escala planetária ou macroescala*: movimentos atmosféricos de longa duração entre 10^2-10^5 horas, percorrendo uma distância entre 10^2-10^5 km. São causas comuns desses movimentos atmosféricos: mudanças na climatologia local, alteração interanual na posição e intensidade da Zona de Convergência Intertropical (ZCIT)[1], movimentação sazonal da ZCIT.
- *Escala regional ou mesoescala*: movimentos atmosféricos de duração média entre 1-100 horas, percorrendo uma distância entre 1-100 km. São causas comuns desses movimentos atmosféricos: efeitos de canalização dos ventos, gradientes térmicos terra-mar e terra-terra, como representado na Figura 2.2.
- *Escala local ou microescala*: movimentos atmosféricos de pequena duração (entre 1-10^{-3} horas), percorrendo uma distância entre 1-10^{-3} km. São causas comuns desses movimentos atmosféricos: efeitos aerodinâmicos causados por fatores locais, como a forma da superfície, rugosidade do terreno, variações de fluxo de calor no cruzamento do limite entre as superfícies de características diferentes. Esses fatores induzem o surgimento de um perfil vertical de velocidade. Esse perfil de gradiente vertical produz fortes variações de alta frequência na velocidade do vento conhecidas como turbulências atmosféricas.

Variações temporais da velocidade dos ventos

No aproveitamento da energia eólica para fins de geração de eletricidade, torna-se importante distinguir os vários tipos de variações temporais da velocidade dos ventos, a saber: variações interanuais, sazonais, diárias e de curta duração.

Variações interanuais – são variações lentas na velocidade dos ventos causadas por fenômenos de mesoescala. Ocorrem em escalas de tempo maiores que um ano. Para se obter dados confiáveis de velocidade média anual dos ventos em um determinado local, é recomendável que se realize medições por pelo menos cinco anos. Com um maior período de medições (por exemplo,

---

[1]. Fina zona permanente de baixa pressão compreendida entre as latitudes 30ºN e 30ºS. Representa o principal transporte de calor e umidade que ascende da superfície. Essa zona marca o Equador meteorológico, onde os ventos alísios convergem para formar uma zona caracterizada por um forte fluxo ascendente e um alto índice pluviométrico.

trinta anos), a determinação da velocidade média anual torna-se mais confiável. O conhecimento da variação interanual da velocidade dos ventos é de grande importância na estimativa de longo prazo da produção de energia de uma turbina eólica. Contratos de médio e longo prazo de venda de energia são firmados entre o gerador e o consumidor. Estimativas erradas da produção anual de energia podem causar prejuízos financeiros ao gerador.

Variações sazonais – o aquecimento desigual da Terra durante as estações do ano provocam variações significativas na velocidade média dos ventos ao longo de um mês e ao longo de um ano. Essas variações também estão associadas a fortes efeitos de mesoescala. Essas variações sazonais são de grande importância nos estudos eólicos, principalmente no Brasil, pois têm um efeito significativo na capacidade dos aerogeradores de complementar a demanda da rede elétrica em regiões onde existe uma complementaridade entre a geração de energia eólica e hídrica.

Variações diárias – o aquecimento desigual da superfície terrestre, em função da variação da quantidade de radiação solar incidente ao longo do dia, provoca alterações na velocidade do vento em regiões de diferentes latitudes e altitudes. Essas variações são fortemente observadas no litoral, em função das brisas marítimas e terrestres e no interior, em função das brisas de montanhas/vales, associados a efeitos de canalização (orográficos). Análises aprofundadas dessas variações são essenciais para a definição de estratégias de operação de aerogeradores conectados diretamente à rede elétrica.

Variações de curta duração – estão associadas a pequenas flutuações (turbulências), como também a rajadas de vento. É importante o conhecimento dessas variações, que se dão em intervalos de minutos a décimos de segundos, para o projeto construtivo da turbina eólica, pois flutuações turbulentas na velocidade do vento induzem forças cíclicas nos diversos componentes da turbina, podendo causar problemas de estresse e fadiga. O conhecimento também das flutuações de curta duração da velocidade dos ventos é importante, pois estas influenciam na operação e controle da turbina eólica e qualidade da potência elétrica fornecida. A Figura 2.3 ilustra variações típicas de curta duração para um dia.

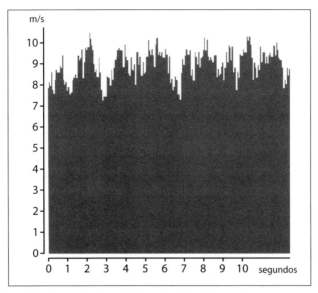

Figura 2.3: Variações de curta duração da velocidade do vento.
Fonte: Danish Wind Industry Association (2010).

Variações devidas à localização e direção dos ventos

Em microescala, variações na direção dos ventos podem ocorrer em uma mesma escala de tempo em que ocorrem as variações na velocidade. Variações sazonais na direção dos ventos podem ser pequenas, em torno de 30°, ou podem haver variações mensais na direção dos ventos que ultrapassam 180°. Também podem acontecer variações bruscas (de curta duração) na direção em função do seu comportamento turbulento. O conhecimento das variações na direção dos ventos e a escolha dos locais mais adequados para a instalação é importante no projeto da turbina eólica. Turbinas de eixo horizontal precisam de mecanismos que coloquem as pás sempre na direção perpendicular à direção dos ventos para captarem o máximo de energia. Mudanças repentinas na direção dos ventos e movimentos associados podem causar fadiga nas pás e nos mecanismos de controle de orientação da nacele.

Como será mostrado no próximo tópico, a velocidade do vento é fortemente dependente das variações na topografia e rugosidade do terreno. Podem existir variações interanuais consideráveis na velocidade média mensal entre dois sítios próximos e que apresentam topografias e rugosidades diferentes. Dependendo da área ocupada pela central eólica, é possível que um mesmo terreno onde serão instalados os aerogeradores apresente topografia e rugosidade diferentes. Esses aspectos devem ser levados em conta no estudo de distribuição das turbinas no sítio (*micrositing*), tendo em vista os diferentes perfis verticais de velocidade de vento e mudança na sua direção. A frequência e a magnitude das variações na direção insuflam fortes perturbações no rotor e na torre da turbina, causando um impacto significativo nos níveis de carregamento de fadigas dos vários componentes.

PARÂMETROS QUE INFLUENCIAM NO PERFIL DO VENTO

Os ventos locais sofrem a influência de diversos parâmetros do lugar, e estes devem ser conhecidos quando se deseja estimar o regime de vento em um determinado local por meio do conhecimento dos dados de vento de outros locais. Os fatores que influenciam no perfil vertical da velocidade dos ventos em um determinado local são:

- Obstáculos próximos ao local de medição.
- Rugosidade do terreno: tipo de vegetação, tipo de utilização da terra e construções.
- Orografia. Existência de colinas e depressões.

Informações sobre as condições de contorno do local podem ser obtidas por meio de mapas topográficos, dados de satélites ou visitas ao local de instalação.

A variação da velocidade do vento com a altura em relação ao solo influencia não apenas na avaliação do recurso eólico, como também no projeto da turbina eólica.

Normalmente os anemômetros das estações de medição são instalados a uma altura diferente da altura do cubo da turbina eólica. Assim, há a necessidade de corrigir a velocidade do vento com a altura. Existem leis (modelos matemáticos) que representam a variação no perfil vertical do vento. As duas leis mais utilizadas serão detalhadas a seguir.

Variação no perfil vertical do vento

Da mecânica dos fluidos, experimentos mostram que a velocidade de um fluido que escoa próximo a uma superfície é nula, em função do atrito entre o ar e a superfície do solo. Levantando-se o perfil de velocidade do fluido com a altura verifica-se que, no sentido perpendicular à altura, a velocidade passa de um valor nulo e atinge uma velocidade de escoamento v. Essa mudança é mais acentuada próxima à superfície e menos em alturas elevadas. A região junto à superfície em que ocorre essa rápida mudança no valor de velocidade é conhecida como camada limite.

No interior da camada limite, normalmente, o ar escoa com uma certa turbulência, tendo em vista a influência dos parâmetros, tais como: densidade e viscosidade do fluido, acabamento da superfície (rugosidade), forma da superfície (presença de obstáculos).

A potência contida no vento, como apresentado neste capítulo, é função da densidade do ar. Já a densidade do ar é função da temperatura e pressão, sendo esses parâmetros variáveis com a altura em relação ao solo.

Como os aerogeradores em operação comercial são instalados no interior da camada limite (até 150 m), torna-se importante conhecer a distribuição da velocidade do vento com a altura, tendo em vista que: essa determina a produtividade de uma turbina instalada em uma torre de uma certa altura, e o perfil do vento influencia na vida útil das pás do rotor, pois, ao girarem dentro do perfil vertical dos ventos, as pás são submetidas a cargas cíclicas em função da turbulência dos ventos. Os ventos turbulentos são causados pela dissipação da energia cinética em energia térmica por meio da criação e destruição de pequenas rajadas progressivas. Esses ventos são caracterizados também por um número de propriedades estatísticas: intensidade, função densidade de probabilidade, autocorrelação, escala integral de tempo e função densidade espectral de potência. Rohatgi e Nelson (1994) apud Manwell et al. (2004) apresentam essas propriedades com mais detalhes.

Em estudos do aproveitamento energético dos ventos, dois modelos ou "leis" matemáticas são comumente utilizados para representar o perfil vertical dos ventos: lei da potência e lei logarítmica.

A lei de potência representa o modelo mais simples e é resultado de estudos da camada limite sobre uma placa plana. É a mais simples de ser aplicada, porém sem uma precisão muito apurada. A lei de potência é expressa por:

$$V = V_r (H/H_r)^n \tag{2.1}$$

Em que:
    V = velocidade do vento na altura (H)
    V_r = velocidade do vento na altura de referência (medida)
    H = altura desejada
    H_r = altura de referência
    n = expoente da lei de potência

O expoente *n* representa a influência da natureza do terreno no perfil vertical da velocidade do vento. Indica a correspondência entre o perfil do vento e o fluxo sobre uma placa plana. Além da influência da natureza do terreno, esse expoente também é influenciado por: hora do dia, temperatura, parâmetros térmicos e mecânicos e estação do ano. Ou seja, o expoente *n* não é constante e pode variar com alterações ambientais ao longo dos meses. A Tabela 2.1 apresenta alguns valores de *n* para diferentes terrenos planos.

Tabela 2.1: Fator *n* para diferentes tipos de superfícies

DESCRIÇÃO DO TERRENO	FATOR *n*
Superfície lisa, lago ou oceano	0,10
Grama baixa	0,14
Vegetação rasteira (até 0,3m), árvores ocasionais	0,16
Arbustos, árvores ocasionais	0,20
Árvores, construções ocasionais	0,22 – 0,24
Áreas residenciais	0,28 – 0,40

Fonte: Irata (1985) apud Dutra (2007).

Cuidados devem ser tomados ao usar a lei de potência em locais que apresentam orografia elevada, ou seja, terrenos com elevações e depressões, e valores de H maiores que 50 m.

O modelo baseado na lei logarítmica, usado para conhecimento do perfil vertical do vento, é mais complexo e realístico, pois considera que o escoamento na atmosfera é altamente turbulento (Troen, 1989, apud Silva,1999). Na modelagem é utilizado o parâmetro conhecido como "L – comprimento de mistura", definido com a utilização da constante de Von Kárman K_c, e do comprimento da rugosidade Z_o, que considera que a superfície da Terra nunca se apresenta totalmente lisa.

Para velocidades elevadas, usando a lei logarítmica, o perfil vertical do vento é dado por:

$$V(z) = \frac{v_o}{K_c} \ln \frac{z}{z_o} \qquad (2.2)$$

em que V(z) é a velocidade do vento na altura z, z_o é o comprimento de rugosidade (caracteriza a rugosidade do terreno), k_c é a constante de Von Kárman ($K_c = 0,4$) e v_o é a velocidade de atrito relacionada com a tensão de cisalhamento na superfície τ e a massa específica do ar ρ pela expressão: $\tau = \rho \times v_o^2$.

No caso de velocidades moderadas, o perfil vertical do vento se desvia do perfil logarítmico quando z é superior a algumas dezenas de metros devido às forças de empuxo da turbulência. Dessa forma, deve-se acrescentar à rugosidade os parâmetros necessários para descrever o fluxo de calor na superfície. Para perfis verticais genéricos, utiliza-se a expressão:

$$V(z) = \frac{v_o}{k_c} \left[\ln\left(\frac{z}{z_o}\right) - \psi\left(\frac{z}{L}\right) \right] \qquad (2.3)$$

em que ψ é uma função dependente da estabilidade, positiva para condições instáveis e negativa para condições estáveis. O parâmetro L – comprimento de mistura é definido por:

$$L = \frac{T_o}{k_c g} \frac{c_p v_o^3}{H_o} \qquad (2.4)$$

Em que:

T$_o$ = temperatura absoluta

H$_o$ = fluxo de calor na superfície

C$_p$ = calor específico do ar à pressão constante

g = aceleração da gravidade

Quando se deseja usar a lei logarítmica para estimar a velocidade do vento de uma altura de referência Z$_r$ para um outro nível de altura (Z), a seguinte equação é utilizada:

$$\frac{V(z)}{V(z_r)} = \frac{\ln(\frac{Z}{z_0})}{\ln(\frac{Z_r}{z_0})} \qquad (2.5)$$

A Tabela 2.2 mostra valores de comprimento de rugosidade para diferentes tipos de terrenos.

Tabela 2.2: Valores de comprimentos de rugosidade para diferentes terrenos

DESCRIÇÃO DO TERRENO	Z$_0$ (mm)
Liso, gelo, lama	0,01
Mar aberto e calmo	0,20
Mar agitado	0,50
Neve	3,00
Gramado	8,00
Pasto acidentado	10,00
Campo em declive	30,00
Cultivado	50,00
Poucas árvores	100,00
Muitas árvores, poucos edifícios, cercas	250,00
Florestas	500,00
Subúrbios	1.500,00
Zonas urbanas com edifícios altos	3.000,00

Fonte: Adaptado de Manwell et al. (2004).

Influência do terreno nas características do vento

Os terrenos são comumente classificados como lisos ou planos e acidentados. Pode-se considerar terrenos planos aqueles com pequenas irregularidades, com a presença de gramados, áreas cultivadas, árvores e poucas edificações, ou seja, terrenos cuja rugosidade não interfere significativamente no fluxo de vento da área. Terrenos acidentados são caracterizados pela presença de elevações e depressões tais como colinas, cumes, vales, montanhas. A alteração no fluxo de vento em função das características do terreno podem influenciar significativamente na geração de energia de uma turbina ou central eólica, a ponto de causar prejuízos financeiros ao investidor. Assim, a viabilidade do projeto pode depender da escolha adequada do local para instalação das turbinas.

Rugosidade do terreno

Na expressão da lei de potência, o parâmetro n, bem como o valor Z_o na lei logarítmica, estão associados à rugosidade do terreno.

Na maioria dos terrenos, a superfície (rugosidade) do solo não é uniforme e muda significativamente de uma localização para outra. A rugosidade do terreno é uma grandeza que se modifica com as mudanças naturais na paisagem.

Na Figura 2.4 observa-se a influência da mudança da rugosidade de um valor z_{o1} (por exemplo, terreno gramado) para z_{o2} (por exemplo, terreno com árvores) no perfil vertical do vento.

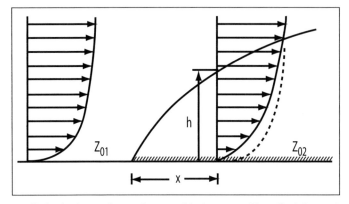

Figura 2.4: Influência da mudança da rugosidade no perfil vertical do vento.
Fonte: Dewi (2001).

Obstáculos naturais e superficiais

Os obstáculos também influenciam no perfil de escoamento da velocidade dos ventos, provocando o efeito de sombreamento. Deve-se analisar a posição do obstáculo relativo ao ponto de interesse, suas dimensões (altura, largura e comprimento) e sua porosidade, esta última definida como a relação entre a área livre e a área total de um obstáculo. Como exemplo de obstáculos destacam-se edifícios, silos e árvores, entre outros. A porosidade de árvores, por exemplo, varia com a queda das folhas, função do clima nas diferentes estações do ano. Para obstáculos construídos pelo homem, é comum representá-los com uma caixa retangular, bem como considerar o fluxo como sendo bidimensional. A Figura 2.5 ilustra a influência dos obstáculos no perfil de escoamento dos ventos. Nota-se que os obstáculos não apenas obstruem o movimento das partículas de ar, como também modificam a distribuição de velocidades dos ventos.

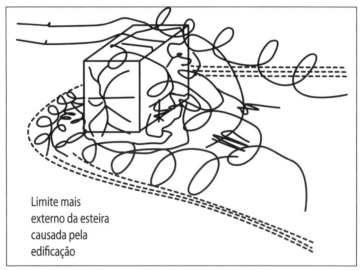

Figura 2.5: Influência dos obstáculos no escoamento dos ventos.
Fonte: Pereira e Fadigas (2008).

A influência dos obstáculos está diretamente ligada a suas dimensões, sobretudo sua altura. A área influenciada pela presença de um obstáculo (efeito de sombreamento) pode estender-se por até três vezes a sua altura, no sentido vertical, e até quarenta vezes essa mesma altura, no sentido horizontal, na direção do vento.

Manwell et al. (2004) apresentam resultados obtidos de estudos que mostram a redução na velocidade e potência do vento bem como efeitos de turbulência a jusante de uma edificação de uma determinada altura. Esse efeito está representado na Figura 2.6.

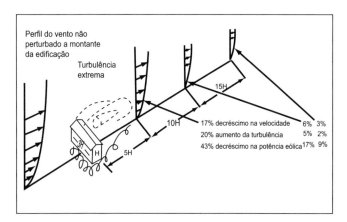

Figura 2.6: Efeitos na velocidade, potência e turbulência do vento a jusante de uma edificação.

Fonte: Adaptado de Manwell et al. (2004).

Orografia

Variações na altura do terreno, por exemplo, presença de colinas, vales e depressões, provocam um aumento na velocidade e considerável mudança de direção. Para descrever o relevo de uma superfície normalmente são utilizadas curvas de nível. A Figura 2.7 ilustra o escoamento do vento em uma colina, mostrando o desenvolvimento do perfil de velocidades a montante e no topo da colina. Esse perfil é dependente da forma e altura da colina.

As depressões são caracterizadas por um terreno com um nível mais baixo que o terreno circunvizinho. A velocidade do vento pode aumentar substancialmente se as depressões causarem uma canalização dos ventos. É o exemplo de vales e cânions. A Figura 2.8 ilustra o escoamento da velocidade dos ventos em função da sua canalização predominante em uma montanha.

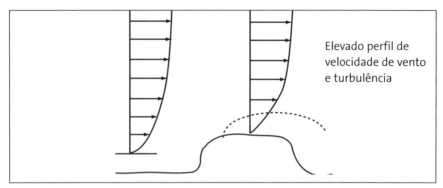

Figura 2.7: Escoamento em torno de uma colina.
Fonte: Manwell et al. (2004).

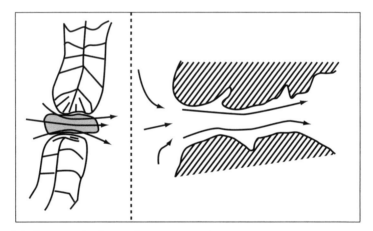

Figura 2.8: Escoamento dos ventos em gargantas e passagens.
Fonte: NREL (1991).

ESTIMATIVA DO POTENCIAL EÓLICO

O ponto de partida para dimensionar um sistema para aproveitamento da energia eólica é ter um bom conhecimento do regime de vento.

Os sistemas de aquisição de dados coletam continuamente as velocidades, porém, como procedimento usual, fornecem a cada intervalo de tempo ou período de amostragem (por exemplo, 10 min, 1 h) um valor médio. Dessa forma, pode-se verificar a variabilidade da velocidade do vento em diferentes períodos. O regime de vento pode ser caracterizado por fatores geográficos, indicações de direção em que sopram, altura de medição, características do terreno, parâmetros atmosféricos (temperatura, pressão), dados esses utilizados não apenas para estimar a produtividade energética de uma determinada turbina como também escolher o melhor local para sua instalação, considerando aspectos de produção (fator de capacidade), custos e impactos ambientais, entre outros.

Em suma, o conhecimento detalhado do regime de vento é de crucial importância, tendo em vista que erros na predição dos ventos conduzem a um mau dimensionamento do sistema e erros na estimativa de produção de energia resultam em consequentes riscos financeiros. Como será demonstrado no próximo tópico, pequenas variações na velocidade do vento causam grandes variações na sua potência em função da relação cúbica entre ambas.

A potência contida nos ventos

A potência é definida como a razão pela qual a energia é usada ou convertida por unidade de tempo, por exemplo, joules/s. A unidade da potência é o watt (W) e um watt é igual a 1 joule/s de acordo com a unidade do Sistema Internacional (SI). A energia contida no vento é a energia cinética, ocasionada pela movimentação de massas de ar.

A energia cinética do vento (E) é dada pela seguinte equação:

$E = \frac{1}{2} mv^2$ joules (2.6)

Em que:
   m = massa de uma partícula de ar em kg
   v = velocidade do ar em m/s.

A energia por unidade de tempo é igual à potência. Assim,

$$P = \frac{E}{\Delta t} = 1/2 \dot{m} v^2$$ (2.7)

Em que:
   $\dot{m}$ = fluxo de massa [massa na unidade de tempo (seg)];
   P = Watts

Podemos calcular a energia cinética do vento se, primeiro, imaginarmos o ar passando através de um anel circular (circundando uma área A em m², por exemplo, 100 m²) a uma velocidade v (por exemplo, 10 m/s) (Figura 2.9). À medida que o ar vai se movendo a uma velocidade de 10 m/s, um cilindro de ar com um comprimento de 10 m vai se formando a cada segundo. Portanto, um volume de ar de 100 × 10 = 1.000 m cúbicos passará pelo anel a cada segundo. Multiplicando esse volume pela massa específica do ar, obtemos a massa de ar se movendo através do anel a cada segundo. Em outras palavras: a massa de ar que se move por uma determinada área na unidade de tempo (fluxo de massa) é igual a massa específica do ar × volume de ar passando a cada segundo, que é igual a: massa específica do ar × área × distância percorrida pelo ar a cada segundo (velocidade do ar), ou seja:

$$\dot{m} = \rho A v \qquad (2.8)$$

Em que ρ é a massa específica do ar; v a sua velocidade em m/s e A a área em m². O produto Av representa a taxa de fluxo volumétrico de ar passando pelo anel circular.

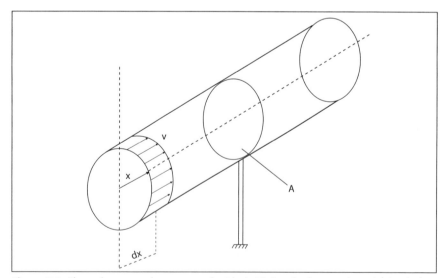

Figura 2.9: Fluxo de massa de ar com velocidade V através de uma área A (circular).
Fonte: Carvalho (2003).

Substituindo a equação do fluxo de massa $\dot{m}$ (2.8) na equação 2.7, resulta em:

$$P = \tfrac{1}{2} \cdot \rho \cdot A \cdot v^3 \text{ (joules por segundo = watts)} \tag{2.9}$$

Considerando a área do anel circular da Figura 2.9 como a área varrida pelas pás de uma turbina eólica do tipo "hélice de eixo horizontal", como a indicada na Figura 2.10, seu cálculo se efetua usando a seguinte equação:

$$A = \frac{\pi}{4} D^2 \text{ , em que } D \text{ é o diâmetro do rotor} \tag{2.10}$$

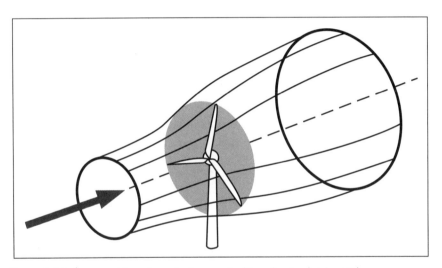

Figura 2.10: Área varrida pelas pás de uma turbina de eixo horizontal.
Fonte: Burton (2008).

Para a turbina modelo Darrieus de eixo vertical, como a mostrada na Figura 2.11, a determinação da área é mais complexa, pois envolve integrais elípticas. No entanto, aproximando o formato das pás à parábola, obtém-se a seguinte expressão simplificada:

$$A = \tfrac{2}{3} \cdot \text{(largura máxima do rotor até o centro)} \times \text{(altura do rotor)} \tag{2.11}$$

Figura 2.11: Turbina de eixo vertical – modelo Darrieus.
Fonte: http://www.renk.co.uk/otherimages/darrieus-rotor.jpg.

Tendo em vista que locais que apresentam a mesma velocidade média dos ventos podem apresentar diferentes potências eólicas em função da variação na massa específica do ar, é mais adequado comparar o potencial eólico desses locais por meio da potência por unidade de área ou densidade de potência (P/A).

$$P/A = ½ \cdot \rho \cdot v^3 \ (Watts/\ m^2) \qquad (2.12)$$

P/A é a potência contida no vento que atinge a parte frontal da turbina. Ela varia linearmente com a massa específica do ar e com o cubo da velocidade do vento. Como veremos mais adiante, apenas uma parte dessa potência é aproveitada nas pás do rotor. A parte não aproveitada é levada pelo ar que deixa as pás movendo-se com velocidade reduzida.

A massa específica do ar ρ varia com a pressão e temperatura conforme a seguinte expressão:

$$\rho = \frac{P}{R.T} \qquad (2.13)$$

Em que:
P = pressão do ar

T = temperatura em escala absoluta
R = constante do gás

Em condições padrão (no nível do mar, 15°C e 1 atm de pressão) a massa específica do ar é de 1.2256 kg/m³.

Como a temperatura do ar e a pressão atmosférica variam com a altura, aerogeradores instalados em um mesmo local, mas em diferentes alturas, podem captar energia com diferentes densidades de potência tendo em vista: variação na massa específica e velocidade do ar.

Os aspectos mais relevantes são que a potência do vento depende da área de captação e é proporcional ao cubo de sua velocidade. Pequenas variações da velocidade do vento podem ocasionar grandes alterações na potência.

A Figura 2.12 ilustra o comportamento da densidade de potência do vento com a variação de sua velocidade. Para uma velocidade do vento de 8 m/s, por exemplo, a densidade de potência (no nível do mar) é de 314 W/m². Com o dobro da velocidade do vento (16 m/s), a densidade de potência aumenta para 2.509 W/m², ou seja, oito vezes maior. Assim, verifica-se a importância de se obter dados altamente confiáveis.

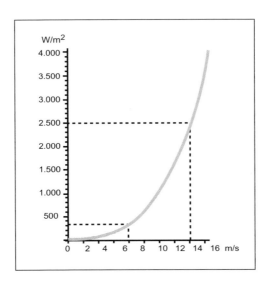

Figura 2.12: Curva de potência do vento em função de sua velocidade.
Fonte: Danish Wind Industry Association (2010).

CARACTERIZAÇÃO DOS DADOS DE VENTO

Informações sobre os parâmetros que caracterizam os ventos podem estar disponíveis em diferentes formas e volumes. Os dados podem ser obtidos de estações meteorológicas que fornecem uma série de dados coletados e amostrados em um determinado período de medição. Por exemplo, dados de velocidade e direção dos ventos, valores médios fornecidos a cada intervalo de tempo (por exemplo, a cada 10 min) por um determinado período (por exemplo, 1 ano). Assim, considerando apenas a velocidade dos ventos, teremos em um ano 52.560 dados de velocidade de vento, ou seja, um volume grande de dados.

As informações disponíveis podem também estar em uma forma compactada. Por exemplo, dados obtidos de atlas eólicos, nos quais se encontram as seguintes informações: velocidade média anual, desvio padrão, fator de forma (k) da função densidade de probabilidade de Weibull. Dados representados de uma forma estatística.

A série de dados obtidos de uma estação meteorológica pode ser tratada e compactada para que, de uma forma mais rápida e direta, seja possível avaliar o potencial eólico. Existem várias formas de se compactar o enorme volume de dados de uma série. A seguir serão descritas as seguintes técnicas:

- Método direto de análise dos dados.
- Análise estatística dos dados.

Uso direto dos dados coletados

A série de dados obtida de uma determinada estação anemométrica pode ser usada para calcular os seguintes parâmetros e, a partir deles, determinar a produção de energia de uma turbina eólica.

1) A velocidade média $\bar{V}$ de um determinado período (por exemplo, 1 ano, ou período total de medição). A velocidade média pode ser calculada pela seguinte equação:

$$\bar{V} = \frac{1}{N}\sum_{i=1}^{N} V_i \qquad (2.14)$$

Em que:

N = número de observações ou registros de velocidade de vento no período de medição considerado (por exemplo, 1 ano)

V_i = valor médio da velocidade do vento, fornecido a cada intervalo i de tempo [p. ex., valor médio a cada 10 min (Δt)]

2) O desvio padrão σ_v de uma velocidade média individual. Pode ser calculada pela seguinte equação:

$$\sigma_v = \sqrt{\frac{1}{N-1}\sum_{i=1}^{N}(V_i - \overline{V})^2} = \sqrt{\frac{1}{N-1}\left\{\sum_{i=1}^{N}V_i^2 - N\overline{V}^2\right\}} \qquad (2.15)$$

O desvio padrão representa a variabilidade de um determinado conjunto de valores da velocidade do vento. A variância é definida como a média dos quadrados dos desvios (σ_v^2). Caracteriza a dispersão dos valores da variável V_i. Assim, um pequeno valor de σ_v^2 indica que os valores da variável concentram-se próximo de um valor médio.

3) A densidade média de potência, $\frac{\overline{P}}{A}$ é calculada pela seguinte expressão:

$$\frac{\overline{P}}{A} = \left(\frac{1}{2}\right)\rho \frac{1}{N}\sum_{i=1}^{N}V_i^3 \qquad (2.16)$$

Em que:
ρ = massa específica do ar (kg/m³), considerada constante nesse caso.

Da mesma forma, pode calcular a energia eólica disponível por unidade de área pela seguinte equação:

$$\frac{\overline{E}}{A} = \frac{1}{2}\rho \sum_{i=1}^{N}V_i^3 \Delta t = \left(\frac{\overline{P}}{A}\right)(N\Delta t) \qquad (2.17)$$

Classes de velocidades

Uma outra forma de compactar os dados e com estes determinar a produtividade energética de uma turbina é dividi-los em intervalos ou classes de velocidades às quais se associa um intervalo ou frequência de ocorrência, que chamamos de frequência absoluta.

Observe o gráfico mostrado na Figura 2.13. Nesse gráfico são representadas, no eixo horizontal, classes de velocidades ou intervalos de ocorrências de velocidades. É conveniente que essas classes ou intervalos de dados tenham a mesma largura (ΔV). No caso do gráfico os intervalos são de 1 m/s. Registrou-se, nesse exemplo, ventos variando de 0 a 20 m/s e, assim, dividiram-se os dados em 20 intervalos iguais de 1 m/s (I = 20). A cada intervalo existe um número de ocorrências ou frequência de ocorrência (frequência absoluta) f_j, ou, em outras palavras, número de vezes em que se registrou velocidades com valores dentro do intervalo. A frequência relativa f_r associada a cada intervalo j é obtida dividindo-se a frequência de ocorrência absoluta f_j pelo número total de observações N.

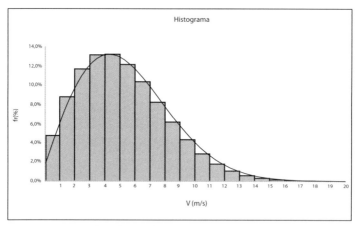

Figura 2.13: Histograma de velocidades do vento.
Fonte: Oliveira e Bastos (2004).

O número de ocorrências ou número total de observações é dado por:

$$N = \sum_{j=1}^{I} f_j \qquad (2.18)$$

Os mesmos parâmetros calculados no método direto podem ser também calculados pelas seguintes equações:

$$\bar{V} = \frac{1}{N}\sum_{j=1}^{I} m_j f_j \qquad (2.19)$$

Em que:

m_j = valor médio de cada intervalo = $\left[V_{min} + (j-1)\Delta V\right] + \frac{1}{2}\Delta V$

$$\sigma_V = \sqrt{\frac{1}{N-1}\left\{\sum_{j=1}^{I} m_j^2 f_j - N(\bar{V})^2\right\}} = \sqrt{\frac{1}{N-1}\left\{\sum_{j=1}^{I} m_j^2 f_j - N\left(\frac{1}{N}\sum_{j=1}^{I} m_j f_j\right)^2\right\}} \qquad (2.20)$$

$$\frac{\bar{P}}{A} = (1/2)\rho \frac{1}{N}\sum_{j=1}^{I} m_j^3 f_j \qquad (2.21)$$

Da mesma forma:

$$\frac{\bar{E}}{A} = (1/2)\rho \sum_{j=1}^{I} m_j^3 f_j \Delta t = \frac{\bar{P}}{A}(N\Delta t) \qquad (2.22)$$

Frequência acumulada e duração da velocidade dos ventos

A partir do histograma de velocidade do vento mostrado na Figura 2.13, pode-se também construir as curvas de frequência acumulada e duração da velocidade dos ventos.

A curva de duração de velocidade da Figura 2.14 é um gráfico que mostra no eixo *x* a velocidade do vento e no eixo *y* a frequência relativa que, multiplicada pelo período de medição (por exemplo, 8.760 h/ano), fornece a quantidade de horas no ano em que foram registradas velocidades iguais ou maiores que um determinado valor do eixo *x*. A curva de frequência acumulada fornece a quantidade de horas em um ano em que foram regis-

tradas velocidades menores ou iguais a um determinado valor no eixo *x*.
Outras curvas importantes são as que fornecem o período de calmaria e de
ventos fortes ou velocidade máxima.

A Figura 2.14 ilustra o aspecto de uma curva de frequência acumulada e
duração da velocidade do vento.

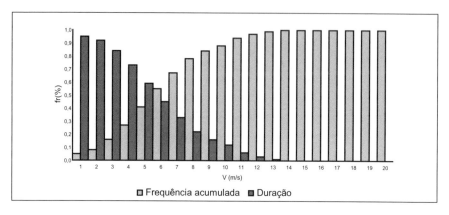

Figura 2.14: Curvas de frequência acumulada e duração da velocidade do vento.
Fonte: Oliveira e Bastos (2004).

A partir dessas curvas é possível comparar o potencial eólico de diferentes
locais. Essas curvas, em conjunto com a curva de potência de uma turbina
eólica específica, fornece a energia elétrica produzida pela turbina no período
de análise. As curvas da Figura 2.14 podem ser transformadas em curvas de
duração e frequência acumulada da potência eólica usando a Equação 2.9.

Análise estatística dos dados de vento

Os cálculos de parâmetros que caracterizam o potencial eólico de um
determinado sítio feitos até o momento foram realizados com base no conhecimento da série de dados coletados de uma determinada estação meteorológica. Quando é necessário fazer uma projeção a partir dos dados
medidos em um local para outro local, ou quando somente dados na forma
compactada estão disponíveis, torna-se vantajoso utilizar-se de representa-
ções analíticas da distribuição de probabilidade da velocidade do vento.

Esse tipo de análise recai no uso da função densidade de probabilidade p(v) da velocidade do vento. A função densidade de probabilidade pode ser definida como a probabilidade da velocidade do vento que está entre dois valores V_a e V_b de acordo com a seguinte equação:

$$p(V_a \leq V \leq V_b) = \sum_{i=a}^{b} p(V_i) \tag{2.23}$$

A área total sobre a curva da função de distribuição de probabilidades é dada por:

$$\sum_{i=0}^{\infty} p(V_i) = 1 \tag{2.24}$$

Reportando-se ao gráfico da Figura 2.14 é possível verificar que o diagrama de frequência acumulada fornece a probabilidade de a velocidade do vento ser menor ou igual a um certo valor V. Essa função denomina-se *Função distribuição ou probabilidade acumulada* $F(V_o)$ e é dada por:

$$F(V_o) = p(V \leq V_o) = p_1 + p_2 + p_3 + ... p_o \tag{2.25}$$

Observa-se que o diagrama de frequência acumulada tende para a unidade.

O diagrama de duração fornece a probabilidade de o vento ser maior ou igual a um certo valor V.

$$1 - F(V_o) = p(V \geq V_o) = 1 - (p_1 + p_2 + p_3 + ... p_o) \tag{2.26}$$

As equações apresentadas até aqui podem ser utilizadas no caso de registros discretos, representados pelas barras retangulares na Figura 2.14. Caso se tenha um grande número de intervalos com largura infinitamente pequena, o histograma se transforma em curva. Essa curva torna-se a representação gráfica de uma função da variável V contínua. Dessa forma, as equações 2.23, 2.24, 2.25 e 2.26 passam a ser escritas respectivamente da seguinte forma:

$$\int_o^\infty p(V)dV = 1 \qquad (2.27)$$

$$p(V_a \leq V \leq V_b) = \int_{V_a}^{V_b} p(V)dV \qquad (2.28)$$

$$F(V_0) = p(V \leq V_0) = \int_0^{V_0} p(V)dV \qquad (2.29)$$

$$1 - F(V_0) = p(V \geq V_0) = 1 - \int_0^{V_0} p(V)dV \qquad (2.30)$$

Se p(V) é conhecida, os seguintes parâmetros podem ser calculados:

Velocidade média, $\bar{V}$:

$$\bar{V} = \int_c^\infty V p(V)dV \qquad (2.31)$$

Desvio padrão, σ_v:

$$\sigma_V = \sqrt{\int_c^\infty (V - \bar{V})^2 p(V)dV} \qquad (2.32)$$

A potência eólica média por unidade de área, $\bar{P}/A$:

$$\bar{P}/A = (1/2)\rho \int_0^\infty V^3 p(V)dV = (1/2)\rho \bar{V}^3 \qquad (2.33)$$

Existem várias funções probabilísticas que podem ser utilizadas para representar o comportamento do vento, e cada uma delas representa um determinado padrão eólico. Ou seja, o comportamento do vento em um determinado local pode ser melhor retratado por uma determinada função probabilística; enquanto para um outro local com diferente comportamento eólico uma segunda função pode fornecer resultados melhores.

Sendo assim, várias funções probabilísticas são utilizadas e a escolha depende, principalmente, do comportamento do vento observado. As principais funções de distribuição de probabilidades utilizadas pela engenharia eólica são:

- Distribuição normal ou distribuição Gaussiana.
- Distribuição normal bivariável.
- Distribuição exponencial.
- Distribuição de Rayleigh.
- Distribuição de Weibull.

A busca de uma única distribuição que retratasse de forma satisfatória o maior número de comportamento de ventos fez com que pesquisadores analisassem de forma aprofundada os diversos métodos probabilísticos. Esses estudos constataram que a distribuição de Weibull conseguia retratar bem um grande número de padrões de comportamento dos ventos. Isso porque a distribuição de Weibull incorpora tanto a distribuição exponencial (k = 1) quanto a distribuição de Rayleigh (k = 2), além de fornecer uma boa aproximação da distribuição normal (quando o valor de k é próximo de 3,5). Outra grande utilidade da função de Weibull é retratar o comportamento de ventos extremos.

Tendo em vista o exposto, procura-se neste tópico apresentar a função de Weibull, destacando também a função de Rayleigh (Weibull com k = 2).

Função densidade de probabilidade de Rayleigh

A função densidade de probabilidade de Rayleigh é a mais simplificada e fica definida apenas com o conhecimento da velocidade média. É mais adequada para representação de velocidades moderadas, e define-se pela seguinte equação:

$$p(V) = \frac{\pi}{2} \frac{V}{\overline{V}^2} e^{\left[-\frac{\pi}{4}\left(\frac{V}{\overline{V}}\right)^2\right]} \tag{2.34}$$

A Figura 2.15 ilustra curvas de distribuição de probabilidade de Rayleigh para diferentes velocidades médias.

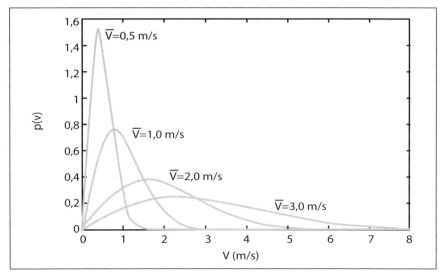

Figura 2.15: Exemplos de curvas de distribuição de Rayleigh.
Fonte: Silva (1999).

A função densidade de probabilidade de Weibull requer o conhecimento de dois parâmetros: k, fator de forma, e c, fator de escala. Esses parâmetros são função da velocidade média ($\overline{V}$) e do desvio padrão (σ^2).

A função densidade de probabilidade de Weibull é definida pela seguinte equação:

$$p(v) = \left[\frac{k}{c}\right] \times \left(\frac{v}{c}\right)^{k-1} \exp\left[-\left(\frac{v}{c}\right)^k\right] \quad (2.35)$$

A seguir, apresenta-se uma das formas de calcular os parâmetros c e k. Manwell et al. (2004) descrevem com mais detalhes e apresentam outras formas de calcular os parâmetros da função de Weibull. Os parâmetros c e k podem ser calculados analiticamente pelas seguintes equações:

$$k = \left(\frac{\sigma_V}{\overline{V}}\right)^{-1.086} \quad (2.36)$$

$$c = \frac{\bar{V}}{\Gamma(1+1/k)}$$
(2.37)

Em que: $\Gamma(x)$ = função Gama

A Figura 2.16 apresenta o comportamento da função de distribuição de Weibull para diversos valores de k considerando c constante e unitário. Analisando as curvas, verifica-se que a medida que o parâmetro de forma k aumenta, a distribuição tende a se concentrar, indicando uma grande ocorrência de registros em torno do valor da velocidade média.

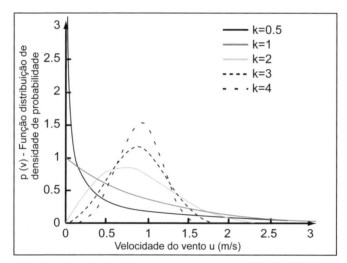

Figura 2.16: Curvas de função distribuição de densidade de Weibull para diferentes valores de k.

Fonte: Silva (2003).

A Figura 2.17 mostra a curva de distribuição de Weibull com k constante e igual a 2 para diferentes valores de c, lembrando que a função distribuição de Weibull com k = 2 se transforma na função distribuição de Rayleigh. Verifica-se que à medida que o parâmetro de escala c aumenta, a distribuição tende a atingir valores cada vez maiores de velocidade de vento, fazendo com que a ocorrência de valores de v seja cada vez menos concentrada próximo ao valor médio da distribuição.

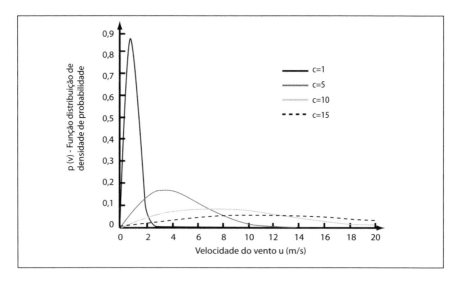

Figura 2.17: Comportamento da função distribuição de densidade de Weibull para diversos valores de c.

Fonte: Silva (2003).

MEDIÇÃO DE VENTO

No projeto e no cálculo da viabilidade técnica e econômica de uma central eólica é necessário ter o conhecimento com a maior exatidão possível do regime de vento do local de interesse. Não é demais recordar que a energia gerada por uma turbina é proporcional ao cubo da velocidade do vento.

No entanto, nem sempre esses dados estão disponíveis na forma mais adequada, e assim lançamos mão de informações obtidas de organismos que fornecem dados de locais próximos ou dados do local de interesse em um formato reduzido e que não são resultantes de procedimentos de medição, e sim de extrapolações e outras técnicas utilizadas para, a partir de informações conhecidas de um local ou mais, obter dados para diversos locais e, assim, construir o que se chama de mapas ou atlas eólicos.

Os dados obtidos de atlas eólicos fornecem uma boa estimativa do potencial eólico, mas, como já mencionado, não são dados precisos para serem usados em um projeto de instalação de uma central.

Assim, torna-se imprescindível instalar no local de interesse um sistema de medição e coletar dados por um período de pelo menos um ano para se conhecer as variações sazonais da velocidade do vento.

Estação de medição

Uma torre meteorológica para coleta de dados de vento para aplicações de energia eólica contém os seguintes tipos de instrumentos:

- Anemômetros para medir a velocidade do vento.
- Lemes para medir a direção do vento.
- Termômetro para medir a temperatura do ar.
- Barômetro para medir a pressão do ar.
- Sistema para aquisição e armazenamento de dados (Datalogger).

A Figura 2.18 ilustra um modelo de torre meteorológica.

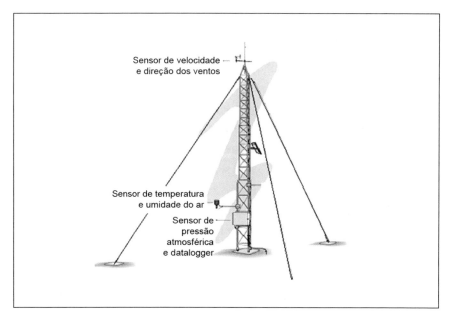

Figura 2.18: Modelo de estação meteorológica do tipo estaiada.
Fonte: Oliveira e Bastos (2004).

A torre meteorológica pode conter apenas sensores de velocidade e direção dos ventos, mas também sensores que medem grandezas como temperatura, umidade do ar e pressão atmosférica, entre outras. Temperatura e pressão, como já visto, influenciam na massa específica do ar e esta, por sua vez, na potência contida nos ventos.

Em uma mesma torre, em alguns casos, colocam-se conjuntos de medição que medem as grandezas em diferentes alturas, sendo uma das medidas realizadas na altura do cubo da turbina eólica com o intuito de aumentar a precisão das informações obtidas. O número de equipamentos colocados é função da aplicação da energia eólica. Neste tópico a discussão ficará limitada apenas aos instrumentos de medição da velocidade e direção dos ventos. Procedimentos e normas para medição dos ventos podem ser obtidos em IEC (2005) e NREL (1991).

Os tipos de torres podem variar desde as autoportantes, treliçadas ou tubulares, às treliçadas estaiadas. Essas torres devem ser projetadas especificamente para medição do potencial eólico. Devem ser leves e de fácil movimentação. Requerem uma pequena fundação, podendo ser instaladas em um dia (NREL, 1991).

Sensor de velocidade do vento (anemômetro)

Observações e medições da velocidade dos ventos são realizadas desde o século 19. Ao longo dos anos, vários sensores foram desenvolvidos utilizando-se de diferentes princípios de funcionamento. Golding (1977) descreve com detalhes o princípio de funcionamento de alguns tipos de sensores de velocidade do vento. Aqui estão apresentados com mais detalhes dois tipos de sensores extensivamente utilizados e que operam sobre o princípio da transformação da velocidade do vento em movimento rotacional, que são o anemômetro de três conchas e o tipo hélice.

A Figura 2.19 apresenta o modelo de três conchas. O modelo apresentado constitui-se de três braços horizontais montados em um pequeno eixo vertical, cada braço possui na sua extremidade uma concha de metal. A rotação acontece independentemente da direção dos ventos pelo fato de a pressão do lado côncavo das conchas ser maior que a do lado convexo. O equipamento possui diâmetro em torno de 15 cm. Sua precisão (medida em ensaios realizados em túnel de vento) apresenta valores próximos a 2%. A rotação do eixo pode ser medida por meio de vários mecanismos, entre os quais se destacam:

- *Contador/registrador mecânico* do número de rotações. Nesse tipo de instrumento, a rotação do eixo provoca o movimento de um contador que indica o fluxo de vento em medidas de distância (p. ex., quilômetros). Ao dividir a distância pelo tempo obtém-se a velocidade média do vento correspondente. Para uso em áreas remotas, esse tipo de anemômetro tem a vantagem de não precisar de fonte de energia elétrica.
- *Gerador de tensão CA (corrente alternada) ou CC (corrente contínua)*: o eixo de rotação é acoplado na sua parte inferior a um minigerador que converte a rotação em um sinal de tensão com frequência proporcional à velocidade do vento. Diferentemente do *contador/registrador mecânico*, a função desse instrumento é medir a velocidade instantânea do vento diretamente em m/s.
- *Anemômetros de contato*: utilizam-se de chaves que, quando acionadas pela rotação do eixo, emitem sinais ou pulsos elétricos. Essas chaves podem ser do tipo contatos de mercúrio, chaves fotoelétricas ou chaves magnéticas.

Figura 2.19: Anemômetro do tipo três conchas.
Fonte: http://www.casellausa.com/en/images/cas/anemomete.jpg.

Outro sensor de velocidade do vento extensivamente utilizado é o tipo hélice. A Figura 2.20 mostra um modelo desse tipo. Um dos mecanismos utilizados para medir a velocidade do vento consiste em acoplar ao eixo um pequeno gerador CA ou CC com rotor de ímã permanente (o mais utilizado), de tal modo que a tensão gerada seja proporcional à velocidade do vento. Sua precisão é similar à precisão do anemômetro do tipo três conchas (± 2%).

Os materiais usualmente utilizados na fabricação das hélices são o poliestireno ou polipropileno. Esse tipo de anemômetro produz uma resposta apenas aos ventos que incidem paralelamente ao seu eixo. Na configuração típica de eixo horizontal, esse tipo de anemômetro acompanha a mudança de direção dos ventos com o auxílio de um leme instalado em sua cauda.

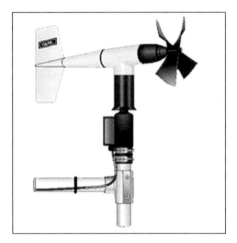

Figura 2.20: Sensor de velocidade do vento tipo hélice.
Fonte:http://ydata.es/contenidos/sensores_archivos/image020.jpg.

Um outro tipo de anemômetro que vem aumentando a sua utilização é o do tipo sônico. Esse anemômetro mede a velocidade do vento emitindo sinais sonoros de um sensor para outro, medindo, então, a diferença de tempo da ida e da volta do sinal, que é proporcional à velocidade do som e do vento.

Sensor de direção do vento

Os sensores de direção da velocidade do vento usualmente utilizados possuem o formato de um leme, o qual é acoplado a um eixo vertical. Do lado oposto ao leme coloca-se um contrapeso para criar um balanço na junção do leme com o eixo. A Figura 2.21 apresenta um modelo desse tipo. A direção pode ser observada por meio da posição do leme com relação ao ponto fixo de referência. A indicação e o registro da direção dos ventos podem ser feitos de forma mecânica ou elétrica. Um dos mecanismos utilizados consiste no uso da rotação do eixo causado pelo movimento do leme para alterar a posição do indicador posicionado em contatos dispostos em potenciômetros. Esses potenciômetros são eletricamente alimentados. Assim, variando a posição destes altera-se o valor da sua resistência e, consequentemente, o nível de sinal fornecido, que corresponde à mudança da direção dos ventos.

Figura 2.21: Modelo de sensor de direção da velocidade do vento.
Fonte: http://www.imgsrv.mdgmail.co.uk.

Sistemas de aquisição dos dados (Datalogger)

São sistemas cuja função é registrar e armazenar os dados a serem utilizados para uma posterior análise e tratamento. Existem vários tipos que utilizam diferentes métodos para armazenar os dados, sendo que os mais sofisticados englobam múltiplos registros sequenciais e processados. Os dados podem ser apresentados em diferentes formatos, como dados instantâneos brutos, dados com tratamento estatístico e diferentes intervalos de integração, entre outros, segundo uma programação interna. A forma de coleta dos dados também é variável. Nos sistemas de aquisição de dados modernos, estes podem ser armazenados em cartões removíveis, descarregados diretamente em um computador portátil, enviados remotamente a longas distâncias para serem aquisitados e armazenados em computadores com conexão ao sistema de aquisição (Datalogger) via modem e rede de internet, entre outros.

A Figura 2.22 apresenta um modelo de Datalogger.

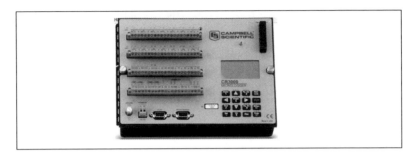

Figura 2.22: Modelo de um sistema de aquisição de dados (Datalogger).
Fonte: http://www.campbellsci.com/er3000.

ESTÁGIOS PARA ESTIMATIVA DO POTENCIAL EÓLICO

A medição de um local que cobre uma área extensa, com vários instrumentos instalados a distâncias relativamente próximas, é custosa. Para baratear os custos existem algumas fontes de dados que fornecem informações mais gerais, mas podem dar uma boa indicação do potencial eólico do local de interesse e indicar se é viável realizar medições mais precisas Cada tipo de fonte tem vantagens e desvantagens e, portanto, pode ser usada em diferentes estágios do processo de escolha do local adequado, a depender das informações requeridas. Assim, algumas formas de obtenção de dados eólicos citados podem ser usados para fornecer estimativas mais gerais do recurso eólico. Como apresentado a seguir, a melhor forma de caracterizar as condições do vento em uma área ou áreas de interesse é por meio de instalação de torres anemométricas para medição e coleta dos dados de vento.

Utilização de dados de medições realizadas em locais próximos

Uma das formas de se identificar o potencial preliminar de áreas de interesse envolve a obtenção e a utilização dos dados de estações de medição existentes, de um ou mais locais, normalmente estações meteorológicas e estações situadas nos aeroportos que sejam próximos dos locais de interesse, derivando os dados por meio de interpolações e extrapolações, considerando as diferenças entre o local que está sendo avaliado e os locais cujos dados estão disponíveis.

Utilização de mapas ou atlas eólicos

Na maioria dos casos, os atlas são elaborados por organismos governamentais, federais, estaduais e até mesmo municipais, cada qual cobrindo sua área de atuação. Existem também outros organismos, a exemplo de empresas concessionárias de energia elétrica, que investem no mapeamento eólico para identificar o potencial eólico de sua área de concessão.

Os atlas incluem informações como tipo de terreno (rugosidade), distribuição da direção dos ventos, parâmetros da distribuição de Weibull para cada setor de direção dos ventos, velocidade média, dentre outros. Também podem incluir uma descrição do procedimento de como se usar as informações para estimar os dados de longo prazo de um sítio específico, comparar o potencial de diferentes sítios, fazer a correção dos dados de vento em função da elevação e rugosidade do terreno, entre outros procedimentos.

Os atlas são construídos a partir de informações climatológicas e topográficas gerais obtidas de satélites, tratadas em modelos de mesoescala, combinadas e validadas com dados obtidos de diversas estações anemométricas instaladas na região em estudo.

Diversos trabalhos do levantamento do potencial eólico vêm sendo conduzidos nesses últimos anos por vários organismos, entre os quais podem-se destacar: Centro de Pesquisas em Energia Elétrica (Cepel), Centro Brasileiro de Energia Eólica (CBEE); Agência Nacional de Energia Elétrica (Aneel), Secretarias Estaduais de Energia e Concessionárias de Energia Elétrica, entre outros.

Em 1998, o CBEE lançou a primeira versão do Atlas Eólico do Nordeste, denominado *Wind Atlas for the Northeast of Brazil (Waneb)*. As conclusões obtidas pelo Waneb são resultados de simulações computacionais utilizando o modelo atmosférico de mesoescala ETA/CPTEC e validados a partir de dados de vento de superfície, coletados em diversas estações anemométricas instaladas na região.

Em 2001, o Cepel elaborou o *Atlas do Potencial Eólico Brasileiro*, a pedido do Ministério de Minas e Energia (MME). Constitui-se de mapas temáticos que representam os regimes médios de vento (velocidade, direções predominantes e parâmetros estatísticos de Weibull) e fluxo de potência eólica na altura de 50 m, na resolução horizontal de 1 km × 1 km, para todo o país.

Em 2002 foi elaborado o Panorama do Potencial Eólico no Brasil pelo CBEE em colaboração com a Aneel, Ministério de Ciência e Tecnologia e o Programa das Nações Unidas para o Desenvolvimento. Esse trabalho foi baseado em estudos climatológicos, simulações atmosféricas com modelos mesoescala (MM5) e microescala (Wasp) e compilação de dados de superfície coletados em diversas estações anemométricas.

Atualmente, vários estados da federação possuem seu atlas eólico, com destaque para Rio Grande do Sul, Espírito Santo, Alagoas, Paraná, Bahia e Sergipe, entre outros. Alguns atlas estão em processo de elaboração, como é o caso do atlas do estado de São Paulo.

Com base em informações fornecidas pelos diversos atlas eólicos elaborados, já é possível hoje se ter uma indicação mais precisa da distribuição do potencial eólico entre as várias regiões brasileiras.

A Figura 2.23 ilustra o Atlas Eólico Brasileiro. Elaborado pelo CBEE e o Cepel, esse projeto envolve coleta e processamento dos dados de vento de boa qualidade medidos em estações terrenas e atmosféricas (sondas e satélites). É possível observar na figura que o litoral do Nordeste, o interior da Bahia e Minas Gerais e o litoral do Rio Grande do Sul fornecem bons indicadores de potencial eólico. Estima-se, com base no Atlas Eólico Brasileiro, que o país possui um potencial eólico em torno 154 GW. Porém, investimentos mais recentes em mapeamento do potencial eólico com a instalação de uma maior quantidade de torres e medições em alturas superiores sugerem um potencial bem acima do valor estimado.

Os atlas publicados são utilizados na pré-identificação das melhores áreas para projetos de aproveitamento eólio-elétrico.

Modelos computacionais

Existe uma variedade de programas computacionais desenvolvidos que podem ser usados para estimar as condições de vento de um local quando se tem apenas os dados de locais vizinhos. Esses programas, uma vez estimadas as condições do vento no local desejado, possuem também a capacidade de otimizar a distribuição dos aerogeradores em uma fazenda eólica (estudos de *micrositing*).

Recursos eólicos – caracterização dos ventos | 79

Figura 2.23: Mapa do atlas do potencial eólico brasileiro indicando velocidade média anual medida a 50 m do solo.

Fonte: Atlas do Potencial Eólico Brasileiro (2011).

Os dados de estações de medição mais próximas e a descrição dos efeitos topográficos são utilizados, e os efeitos topográficos dos locais de interesse são considerados para se chegar aos dados de vento para esses locais. Usados com cuidado, esses modelos podem ser úteis na avaliação inicial para identificar locais com potencial para instalação de aerogeradores.

Existem vários modelos disponíveis, dos quais destacam-se: Wasp, Windpro, Windmap e Windfarm, entre outros.

Um dos modelos mais conhecidos é o Wind Atlas Analysis and Application Program (Wasp), desenvolvido pelo laboratório dinamarquês Riso, como parte de um esforço internacional que produziu o Atlas Eólico Europeu, com o objetivo de se ter uma ferramenta que usasse os dados desse atlas.

O Wasp inclui o efeito da estabilidade atmosférica, rugosidade do terreno, obstáculos e topografia na determinação do regime de vento nos locais de interesse. Como vantagens desse modelo citam-se sua resolução ao redor do local desejado e a não utilização de torres de medição. Suas principais desvantagens são a limitação quando usado em terrenos complexos e a estratificação não ajustada a situações climáticas fora da Europa.

Além dos modelos de microescala existem outros procedimentos, como os modelos mesoescala já citados – como o MM5, ETA, HIRLAM e KAMM, que utilizam dados de satélites. De modo geral, esses procedimentos requerem muito esforço computacional, mas possibilitam descrições extensivas do movimento do fluido em três dimensões, especialmente para terrenos montanhosos mais complexos, e possuem boa aplicação em diferentes condições climáticas.

Os métodos descritos anteriormente são utilizados para identificar de maneira preliminar áreas relativamente extensas (regiões, área do estado, área de concessão de concessionárias de energia). Nesse estágio, são identificadas novas áreas que podem ser selecionadas para se realizar uma campanha de medição.

Medição do vento em áreas selecionadas

Após um estudo preliminar (primeiro estágio) das condições de vento com base em dados adquiridos, usando as formas de obtenção dos dados descritas anteriormente, o segundo estágio – necessário para elaboração dos projetos eólicos, escolha dos modelos de turbinas e da altura de instalação, análise técnica e econômica e estudos de *micrositing*, entre outros objetivos específicos –, consiste em instalar as torres de medição de vento e efetuar a coleta de dados por um período de pelo menos um ano, para verificar as variações ao longo dos meses na velocidade e direção dos ventos.

Os dados coletados por um sistema de medição podem ser avaliados em diversas formas, tais como:

- Velocidade média horizontal em um determinado intervalo especificado.
- Variações na velocidade horizontal sobre um intervalo (valores máximos, desvio-padrão, intensidade da turbulência).
- Direção horizontal média do vento.
- Variações na direção horizontal média do vento (desvio-padrão).
- Distribuição da velocidade e direção dos ventos.
- Persistência.
- Determinação dos parâmetros de rajadas.
- Análises estatísticas incluindo autocorrelação, densidade espectral de potência, escalas de tempo e espaço, correlação espacial e temporal, correlações com dados de estações vizinhas.

- Componentes u,v,w dos ventos constantes e flutuantes.
- Variações diurnas, sazonais, anuais, interanuais e direcionais de quaisquer parâmetros citados.

A Tabela 2.3 ilustra uma forma de disponibilizar os dados de ventos com várias informações que caracterizam o potencial eólico.

Tabela 2.3: Caracterização do potencial eólico.

Sumário						
Outubro 2003			Período analisado:	de:		01/10/2003
Estação nº			Latitude:	a:		31/10/2003
Anemógrafo:	NRG 9200P		Longitude:	Nº de registros:		4.464
				Dados válidos:		100%
Parâmetros de ventos principais						
	50 metros			30 metros		
Velocidade média:	7,09 m/s			6,71 m/s		
Desvio padrão médio:	0,98			1,02		
Direção predominante:	ESE (57,15%)			ESE (48,43%)		
Intensidade de turbulência:	13,8%			15,2%		
Fator de forma de Weibull, k:	4,44			4,30		
Fator de escala de Weibull, c:	7,74 m/s			7,33 m/s		
Densidade de potência média:	235,83 W/m²			202,06 W/m²		
Expoente do gradiente vertical:	0,11					
Temperatura média do ar:	21,79°C		Variação média (24h):			8,81°C
Informações adicionais						
Velocidade máxima de vento	50 metros			30 metros		
	Valor	Dia	Hora	Valor	Dia	Hora
Média diária (24h):	8,45 m/s	1	–	8,04 m/s	1	–
Média horária (1h):	10,92 m/s	8	11:00 h	10,36 m/s	8	11:00 h
Média do intervalo de 10 min:	13,78 m/s	25	14:50 h	13,38 m/s	25	14:50 h
Rajada (2s):	17,50 m/s	20	13:00 h	16,42 m/s	20	13:00 h
Valores extremos de temperatura (intervalos de 10 min):	máx.	dia	hora	mín.	dia	hora
	28,66°C	12	13:10 h	17,55°C	11	04:50 h

Fonte: Pereira e Fadigas (2008).

Uma outra forma de representar os dados de vento seria por meio do uso da rosa dos ventos, a qual consiste em um diagrama que mostra a distribuição temporal e azimutal da velocidade do vento para um dado local com base nas informações coletadas de uma estação de medição. A Figura 2.24 ilustra um exemplo de diagrama da rosa dos ventos. Na sua forma mais comum, consiste em diversos círculos concêntricos, igualmente espaçados, com dezesseis linhas radiais espaçadas igualmente. O comprimento da linha é proporcional à frequência do vento com relação ao ponto central (ponto do compasso), com os círculos formando uma escala. A linha mais longa indica a direção prevalecente do vento. A rosa dos ventos geralmente é utilizada para representar dados mensais, sazonais e anuais.

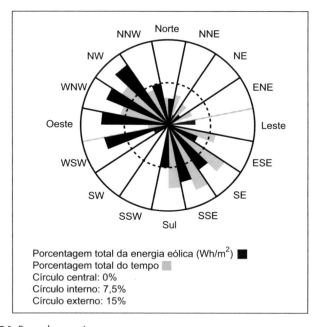

Figura 2.24: Rosa dos ventos.

Fonte: NREL (1991).

Nesse estágio de medição a caracterização dos dados medidos em uma área ou conjunto de áreas tem como principais objetivos gerais:

- Determinar ou verificar se há recursos suficientes dentro de cada área que justifiquem a realização de investigações futuras mais específicas.
- Comparar áreas para distinguir o potencial relativo entre elas.
- Obter dados representativos para estimar o desempenho ou a viabilidade econômica dos aerogeradores selecionados.
- Construir um mapa para identificar os sítios potenciais para instalação das turbinas.

Existem normas internacionais específicas que regem os procedimentos de instalação de torres anemométricas, coleta e tratamento de dados de vento. A padronização da coleta inclui procedimentos de escolha do local de medição, seleção dos equipamentos, condições de instalação e manutenção dos equipamentos de medição, período de integração e taxa de amostragem dos dados medidos.

No Brasil, aconselha-se observar as recomendações da Organização Meteorológica Mundial (OMM), que são seguidas pelos órgãos da área de meteorologia tais como o Instituto Nacional de Meteorologia (Inmet).

A entidade americana que cuida das normas específicas para energia eólica nos Estados Unidos é a America Wind Energy Association (Awea), a qual adota um procedimento padrão para a coleta de dados atmosféricos. Existem também as normas seguidas pela União Europeia, como a European Wind Turbine Standards e European Wind Tuirbine Standard II, também destinadas para aplicações em energia eólica, segundo Silva, 1999. A norma IEC 61400-12-1 dentre outros procedimentos, apresenta também os procedimentos para medição de vento (IEC, 2005).Algumas recomendações para medição e coleta de dados:

- Boa prática de seleção, calibração e instalação dos anemômetros e escolha do local de instalação. Os anemômetros devem ser calibrados periodicamente, visto que em função da relação cúbica entre a potência eólica e a velocidade do vento, em algumas faixas de potência, um erro de 1% na medição da velocidade do vento pode resultar em uma incerteza de 3% na medição de potência. Segundo recomendações do Instituto Alemão de Energia Eólica (Dewi), é absolutamente necessária a calibração de um anemômetro individualmente, em um túnel de vento, antes e após uma campanha de medição de velocidade do vento (Silva, 1999).

- Tão importante quanto a calibração é a seleção dos anemômetros. Os de má qualidade causam altas incertezas nas medições de velocidade do vento, mesmo sendo individualmente calibrados em um túnel de vento. Isso porque, sob condições atmosféricas reais, em ar com turbulência, os anemômetros se comportam de forma diferente em relação ao túnel. Estudos demonstram que alguns anemômetros são extremamente sensíveis aos escoamentos de ar inclinados que, sob condições reais, ocorrem em terrenos planos, causados pelo escoamento turbulento. Em terrenos acidentados, esses efeitos são de grande importância e levam a uma super ou subavaliação das condições reais da velocidade do vento.
- Outra fonte de erro nas medições está relacionada com a instalação dos anemômetros. As extensões dos mastros devem ser montadas de tal forma que a perturbação do campo de escoamento devido ao mastro seja minimizada. Caso seja necessária a proteção contra raios, a mesma regra deve ser seguida. A exatidão da montagem horizontal dos anemômetros é também importante para evitar os efeitos de inclinação.

Devido às grandes variações sazonais da velocidade do vento, medições bem executadas por um período mínimo de um ano reduzem significativamente o risco financeiro de um parque eólico, uma vez que as incertezas associadas às medições da velocidade do vento são muito menores do que as predições baseadas em modelos de escoamento.

O posicionamento do mastro deve ser representativo do parque eólico. Para grandes parques eólicos em terrenos acidentados, devem ser escolhidas duas ou três posições para colocação dos mastros meteorológicos, pelo menos uma medição deve ser feita na altura do eixo da turbina, pois a extrapolação, a partir de uma altura inferior para a altura do eixo, traz incertezas adicionais. Se um dos mastros meteorológicos for posicionado próximo a área do parque eólico, este poderá ser utilizado como um mastro de referência da velocidade do vento durante a operação do sistema, para permitir a determinação do seu desempenho (NREL, 1991).

MÉTODOS ESTATÍSTICOS PARA PREVISÃO DA VELOCIDADE DOS VENTOS

Tendo em vista a variabilidade dos recursos eólicos, a possibilidade de prever o comportamento dos ventos em um período futuro é de grande valor. Essa previsão futura dos ventos pode ser classificada em três categorias: previsão de curto prazo das variações turbulentas do vento em uma escala de tempo de segundos a minutos a frente, que pode ser útil na estratégia de controle operacional dos aerogeradores; previsão dos ventos numa escala de tempo de horas e dias a frente, que pode ser útil para planejar o despacho de outras fontes geradoras na rede elétrica; e previsão de mais longo prazo, anos a frente, para avaliar a produção de energia bem como a viabilidade financeira durante a vida útil da turbina ou do parque eólico.

Previsões de curto prazo necessariamente se baseiam em técnicas estatísticas para extrapolação dos dados passados, enquanto previsões de longo prazo podem fazer uso de métodos meteorológicos. Uma combinação de métodos meteorológicos e estatísticos pode fornecer resultados muito úteis de previsão de potência de uma central eólica. Como exemplo de métodos estatísticos pode-se citar: método da persistência, método da combinação linear (modelo autorregressivo de ordem n), ARMA, ARMAX, rede neural, lógica fuzzy e ARX, entre outros (Burton, 2001).

Para previsão de mais longo prazo, os métodos meteorológicos dão melhores resultados. Vários métodos meteorológicos de previsão estão disponíveis com base em modelos de simulação detalhada da atmosfera, alimentados por vários registros de parâmetros como pressão, temperatura, velocidade do vento etc., sobre uma extensa área de mar e terra. Como exemplo, podemos citar a lei logarítmica para extrapolação do vento ao nível do solo para outras alturas (perfil vertical do vento); modelo PARK para avaliar o comportamento do perfil do vento atrás da turbina (esteira) e a interação entre as esteiras das turbinas de um parque eólico.

O método MCP (medir-correlacionar-prever) se baseia na correlação entre os dados de ventos medidos em uma planta eólica ou sítio de interesse e os dados de vento medidos simultaneamente, por um mesmo período, em uma estação meteorológica vizinha (sítio de referência, entre 50-100 km). Em uma implementação mais simples, a regressão linear é usada para estabelecer o relacionamento entre os dados medidos no sítio de interesse e os dados de longo prazo do sítio de referência. Portanto, o uso do método MCP requer a instalação de um mastro meteorológico com sensores de velocidade e direção dos ventos e, se possível, um anemômetro na altura do cubo do aerogerador.

Técnicas convencionais de MCP assumem que a distribuição da velocidade do vento no sítio de interesse é a mesma que a do sítio de referência. Estudos recentes sugerem que, ao assumir essa igualdade, o erro de previsão pode ser substancialmente elevado. Como alternativa, propõe-se o uso da técnica de correlação baseada em redes neurais. Usando essa técnica, pode-se conseguir uma melhoria de 5-10% na exatidão da previsão.

A Figura 2.25 ilustra através de diagrama de bloco a técnica de MCP.

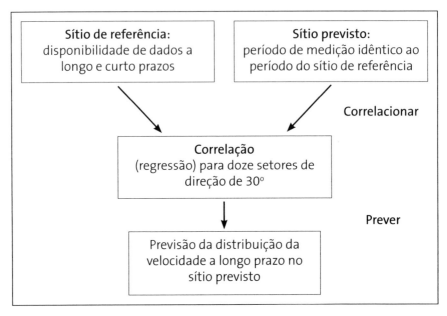

Figura 2.25: Diagrama de bloco da técnica de MCP.

Fonte: Dewi (2001).

ESTUDOS DE *MICROSITING*

Depois de conhecidas as áreas potenciais com base nas medições realizadas e após a aplicação de técnicas de MCP para prever os dados de longo prazo, o terceiro estágio, de menor escala, é o estudo de *micrositing*. O objetivo principal desse estudo consiste em quantificar a variabilidade, em pequena escala, dos recursos eólicos no terreno de interesse. Ultimamente, esse estudo tem sido utilizado para posicionar uma ou mais turbinas em uma parte do terreno com o objetivo principal de maximizar a energia total produzida em uma planta eólica. Os programas que realizam estudos de *micrositing* (Wasp, Windfarm e Windpro, entre outros) usam os dados de distribuição dos ventos combinados com as variações na velocidade do vento e com a topografia e o efeito da esteira dos aerogeradores, bem como outras informações, para, por meio de técnicas de otimização, ajustar a melhor configuração de *layout* das turbinas no sítio (Manwell et al., 2004).

EXERCÍCIOS

1. Relacione e explique quais fatores interferem no comportamento dos ventos (intensidade, perfil e direção) e explique no que implica a necessidade de se conhecer com exatidão o regime dos ventos (intensidade, variações temporais da intensidade e direção).

2. Sendo a velocidade do vento a 20 metros do solo igual a 5 m/s, monte uma tabela atribuindo três valores para Z_0 (comprimento de rugosidade), indicando para cada valor de Z_0 a velocidade e densidade de potência a 50 m do solo.
   Use a lei logarítmica para cálculo da correção da velocidade com altura e massa específica constante de 1,225 kg/m^3. Escolha os três tipos de terreno indicados na Tabela 2.2. Comente os resultados.

3. A partir de uma análise de dados de velocidade de vento (intervalos de 1 hora, durante o período de 1 ano), os parâmetros de Weibull são determinados e possuem os seguintes valores: c = 6 m/s e k= 1,8.

a) Qual a velocidade média do sítio?

b) Estime o número de horas por ano na qual a velocidade média estará entre 6,5 m/s e 7,5 m/s durante o ano.

c) Estime o número de horas por ano em que a velocidade do vento estará acima de 16 m/s.

4. Considere um registro de um ano de dados coletados a cada 10 minutos a uma altura de 50 metros do solo pertencente a um determinado sítio. Avalie o potencial eólico desse sítio. A tabela abaixo mostra os dados de velocidade de vento classificados em um intervalo de 1 m/s (dv), isto é, 0; 0-0,9; 1-1,9, etc. já indicando o método de cálculo. Considere uma massa específica do ar de 1,3 kg/m^3.

V(m/s)	>26	25	24	23	22	21	20	19	18	17	16	15	14	13
fj/dv	1	1	1	2	4	6	8	11	17	25	33	40	61	78
V(m/s)	>12	11	10	9	8	7	6	5	4	3	2	1	0	
fj/dv		90	113	138	158	160	175	179	160	136	75	50	29	12

a) Calcule a velocidade média, desvio padrão e densidade média de potência.

b) Monte o gráfico de histograma de velocidade.

c) Monte o gráfico de frequência acumulada e duração de velocidade.

d) Plote em um mesmo gráfico o histograma da curva de distribuição de Weibull e Rayleigh. Indique nas curvas a velocidade média e a velocidade mais frequente. Compare e veja a que mais se aproxima do histograma.

e) Plote a curva de densidade de potência *versus* a probabilidade do vento maior do que uma velocidade particular v'.

5. Explique a importância de se conhecer as variações diurnas, sazonais, anuais, interanuais e direcionais dos parâmetros que caracterizam o potencial eólico de um sítio.

3 Potência extraída de um conversor eólico

INTRODUÇÃO

A produção de energia em um conversor eólico ou aerogeradores depende da interação do rotor eólico com os ventos. Como discutido no Capítulo 2, o vento pode ser considerado uma composição da velocidade média e das flutuações em torno dela. Estudos têm mostrado que os principais aspectos relacionados à eficiência de uma turbina eólica (potência e carga média) são determinados pelas forças aerodinâmicas geradas pela velocidade média. As diversas forças induzidas nos componentes de uma turbina, sejam causadas pela velocidade média dos ventos, pela flutuação dos ventos ou pelo modo de operação da turbina e efeitos dinâmicos, são fontes de fadiga e fatores que contribuem para o pico de carga a que a turbina está sujeita. Esses fatores são somente compreendidos quando a aerodinâmica da operação da turbina no estado estável é compreendida.

Este capítulo tem o objetivo de apresentar uma visão geral dos aspectos relativos à aerodinâmica dos aerogeradores tipo hélice de eixo horizontal, introduzindo conceitos importantes que ilustram o comportamento dos rotores eólicos e sua interação com os ventos. Adicionalmente, apresenta a metodologia de cálculo da energia elétrica produzida por uma turbina com base nas séries de dados de vento medidas e uso de funções estatísticas.

POTÊNCIA EXTRAÍDA DO VENTO

A Equação 3.1 define a potência contida nos ventos ou potência eólica, a qual é função da massa específica do ar, área de captação e velocidade do vento ao cubo. A velocidade refere-se ao vento não perturbado, ou seja, aquele que se aproxima das pás do rotor antes de atingi-lo. Esse vento, ao encontrar um obstáculo ao seu fluxo (no caso, as pás do rotor), terá o seu perfil modificado. Nessa passagem pelo aerogerador, parte da potência do vento será transformada em potência mecânica no eixo da turbina, como resultado da criação de um torque e rotação do eixo.

$$P = \tfrac{1}{2} \cdot \rho \cdot A \cdot v^3 \tag{3.1}$$

Quanto de potência mecânica pode ser extraída do fluxo livre de ar por um conversor de energia eólica (aerogerador)? A lei de continuidade de fluxo estabelece que o fluxo de massa é sempre o mesmo. Assim, como a velocidade do vento após passar pela turbina diminui, a área ocupada pelo fluxo de ar aumenta. A Figura 3.1 ilustra o perfil do vento ao passar pelo aerogerador.

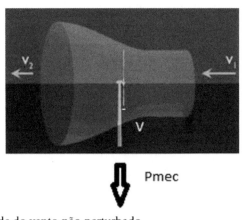

V1 = velocidade do vento não perturbado
V = velocidade do vento no ponto de extração da energia mecânica
V2 = velocidade do vento atrás da turbina eólica
Sendo V1>V>V2

Figura 3.1: Perfil do vento em função da extração da energia mecânica.
Fonte: Danish Wind Industry Association (2010).

Pela lei da continuidade de fluxo:

$$\rho_1 A_1 V_1 = \rho_2 A_2 V_2 = \dot{m} \quad \text{kg/s} \tag{3.2}$$

ou seja, todo fluxo de massa de ar que chega até o conversor eólico é igual ao que dele sai. Se a velocidade do ar é menor na saída, esse ar ocupará uma seção transversal maior.

A potência mecânica que o conversor extrai do fluxo de ar corresponde à diferença entre a potência do fluxo de ar antes e após sua passagem pelo conversor:

$$P_{mec} = \frac{1}{2}\rho A_1 V_1^3 - \frac{1}{2}\rho A_2 V_2^3 = \frac{1}{2}\rho\left(A_1 V_1^3 - A_2 V_2^3\right) \quad \text{Watts} \tag{3.3}$$

Substituindo a Equação 3.2 na Equação 3.3 chega-se a:

$$P_m = \frac{1}{2}\rho V_1 A_1 \cdot \left(V_1^2 - V_2^2\right) \quad \text{Watts} \tag{3.4}$$

ou

$$P_m = \frac{1}{2}\dot{m} \cdot \left(V_1^2 - V_2^2\right) \quad \text{Watts} \tag{3.5}$$

em que:

P_m = potência mecânica extraída pelo conversor eólico
$\dot{m}$ = massa de ar por seg (fluxo de massa)

Dessa equação conclui-se que, em termos puramente formais, a potência atingiria o seu valor máximo quando v_2 for igual a zero, ou seja, quando o fluxo de ar é interrompido pelo conversor. Porém, esse resultado não faz sentido fisicamente. Se o fluxo de ar atrás do conversor é nulo, então a velocidade do fluxo antes do conversor também deve ser nula, implicando que não deveria haver fluxo de ar através do conversor. Como era de se esperar, um resultado físico consiste em uma certa razão entre V_1 e V_2, quando a extração de potência encontra o seu ponto máximo.

Isso requer uma outra equação que expressa a potência mecânica do conversor. Usando a lei de conservação de momento, a força que o ar exerce no conversor pode ser expressa por:

$$F = \dot{m}(V_1 - V_2) \quad \text{Newton} \tag{3.6}$$

De acordo com o princípio "ação é igual à reação", essa força deve possuir uma força igual agindo contra si exercida pelo conversor imerso no fluxo de ar. Essa força (empuxo) empurra a massa de ar em uma velocidade V presente no plano do fluxo de ar na passagem pelo conversor. A potência requerida para tal é:

$$P = FV = \dot{m}(V_1 - V_2)V \quad \text{Watts} \tag{3.7}$$

Portanto, a potência mecânica extraída do fluxo de ar pode ser derivada da energia ou diferença de potência antes e após o conversor, por um lado, e por outro, do empuxo e da velocidade do fluxo. Igualando as equações 3.5 e 3.7 para a potência, chega-se a uma nova equação para a velocidade do fluxo V:

$$\frac{1}{2}\dot{m}(V_1^2 - V_2^2) = \dot{m}(V_1 - V_2)V \quad \text{Watts} \tag{3.8}$$

Sendo a velocidade do fluxo de ar através do conversor igual à média aritmética de V_1 e V_2. Ou seja:

$$V = \frac{V_1 + V_2}{2} \quad \text{(m/s)} \tag{3.9}$$

O fluxo de massa torna-se:

$$\dot{m} = \rho A v' = \frac{1}{2}\rho A(V_1 + V_2) \quad \text{(kg/seg)} \tag{3.10}$$

Substituindo a equação 3.10 na equação 3.5, a potência mecânica do conversor fica expressa em:

$$P_m = \frac{1}{2}\left\{\rho.A\frac{(V_1+V_2)}{2}\right\}.(V_1^2 - V_2^2) \quad \text{Watts} \tag{3.11}$$

Rearranjando algebricamente a equação 3.11:

$$P_m = \frac{1}{2}\rho.A.V_1^3 \frac{\left(1+\frac{V_2}{V_1}\right)\left[1-\left(\frac{V_2}{V_1}\right)^2\right]}{2} \tag{3.12}$$

sendo $C_p = \dfrac{\left(1+\dfrac{V_2}{V_1}\right)\left[1-\left(\dfrac{V_2}{V_1}\right)^2\right]}{2}$ (3.13)

C_p é denominado como "coeficiente de potência" ou eficiência do rotor. Traduz a relação entre a potência mecânica do conversor e a potência contida no vento não perturbado. Esse coeficiente de potência depende da razão entre as velocidades V_1 e V_2. Se a relação entre C_p e V_2/V_1 é plotada em um gráfico, verifica-se que C_p atinge seu valor máximo a um certa razão entre as velocidades (Figura 3.2).

Com $V_2/V_1 = 1/3$, o coeficiente de potência ideal torna-se:

$$C_p = \frac{16}{27} = 0,593 \tag{3.14}$$

Betz foi o primeiro físico a demonstrar esse valor e, portanto, frequentemente esse coeficiente é referido como fator de Betz ou coeficiente de Betz (Manwell et al., 2004). Como C_p máximo é atingido quando $V_2/V_1 = 1/3$, a velocidade V é igual a:

$$V = \frac{2}{3}V_1 \tag{3.15}$$

E a velocidade V_2 atrás do conversor pode ser calculada por:

$$V_2 = \frac{1}{3}V_1 \tag{3.16}$$

A Figura 3.2 mostra uma curva do coeficiente de potência (eficiência máxima teórica) em função da velocidade do vento.

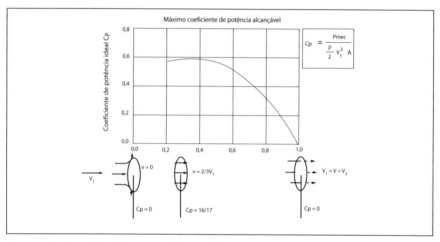

Figura 3.2: Curva ideal de Cp em função da velocidade do vento.
Fonte: Dewi (2001).

Na prática, como visto na próxima seção, são conseguidas eficiências inferiores que dependem do perfil aerodinâmico das pás, número de pás e rotação da esteira atrás do rotor, entre outros parâmetros de projeto do rotor. A eficiência do rotor não é constante e é função da velocidade específica (λ – razão entre a velocidade tangencial, na ponta da pá, e a velocidade do vento incidente).

A Figura 3.3 mostra a influência da rotação da esteira formada pela rotação do rotor. Esse comportamento do vento depende da velocidade de ponta das pás e se caracteriza como uma turbulência que, aliada à menor velocidade do vento após passar pela turbina, além de interferir na eficiência aerodinâmica da turbina, exige que a turbina instalada a jusante mantenha uma certa distância mínima para não ter sua produção de energia prejudicada.

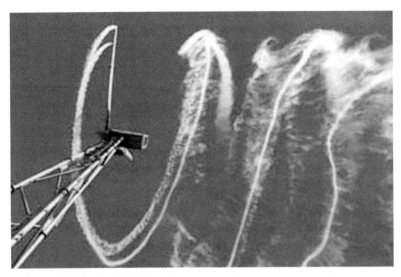

Figura 3.3: Interferência da esteira.
Fonte: Danish Wind Industy Association (2010).

AERODINÂMICA DE UMA TURBINA EÓLICA

Para entender como as modernas turbinas operam, dois termos da aerodinâmica serão introduzidos: arrasto e sustentação.

Um objeto imerso em uma corrente de ar está sujeito a uma força provocada pelo impacto do fluxo de ar sobre ele (Figura 3.4). Pode-se considerar que essa força possui duas componentes agindo em direção perpendicular uma em relação a outra, conhecidas como força de arrasto e força de sustentação. A magnitude dessas forças depende da forma do objeto, sua orientação com relação ao fluxo de ar e a velocidade desse fluxo.

A força de arrasto é a força experimentada por um objeto, imerso em um fluxo de ar, e que está alinhada com a direção do fluxo de ar.

A força de sustentação é a força experimentada por um objeto, imerso em um fluxo de ar, e que está perpendicular a direção formada pelo fluxo de ar.

O ângulo que o objeto faz com a direção do fluxo de ar, medido com relação a uma linha de referência no objeto, é chamado de *ângulo de ataque*. A linha de referência em uma secção de aerofólio é usualmente referida como linha de corda.

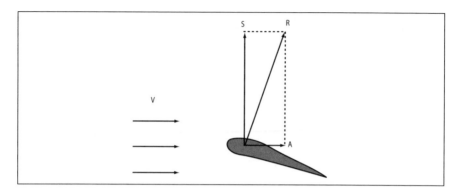

Figura 3.4: Forças que atuam em um objeto imerso em fluxo de ar.
Fonte: Boyle (1996).

A Figura 3.5 mostra a seção transversal de uma pá. A linha que une as duas extremidades da pá (borda de fuga e de ataque), comprimento da seção transversal da pá, é conhecida como linha de corda. A face ou lado superior é conhecido como zona de pressão negativa ou sucção e a face inferior como zona de pressão positiva. Na figura, α representa o ângulo de ataque, formado entre a direção do vento resultante e a linha de referência (linha de corda).

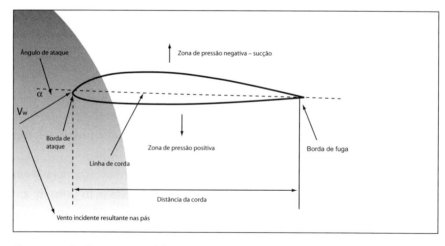

Figura 3.5: Seção transversal de uma pá.
Fonte: Silva (2005).

As características de sustentação e arrasto das várias formas de aerofólios, para uma faixa de ângulo de ataque, são determinadas por meio de medições realizadas em testes em túnel de vento. As características de arrasto e sustentação medidas e determinadas para cada ângulo de ataque do vento podem ser descritas usando os coeficientes adimensionais de arrasto e sustentação (Ca e Cs) ou a razão entre esses dois coeficientes (Cs/Ca). O conhecimento destes é essencial na seleção adequada das seções de aerofólio para o projeto da pá de uma turbina eólica. As forças de arrasto e sustentação são ambas proporcionais à energia contida no vento.

O coeficiente de arrasto de um aerofólio é dado pela seguinte expressão:

$$Ca = \frac{Fa}{0,5\rho V^2 A} \tag{3.17}$$

Em que:

Fa = força de arrasto em Newtons
ρ = massa específica do ar em kg/m^3
V = velocidade do ar que se aproxima do aerofólio em m/s
A = área da pá (linha de corda x comprimento da pá) em metros

O coeficiente de sustentação de um aerofólio é dado pela seguinte expressão:

$$Cs = \frac{Fs}{0,5\rho V^2 A} \tag{3.18}$$

Em que Fs é a força de sustentação em Newton.

Os valores obtidos para Cs e Ca com base em medições realizadas em túnel de vento para cada ângulo de ataque e velocidade do vento podem ser apresentados tanto em forma tabular quanto graficamente. A Figura 3.6 apresenta por meio de um gráfico Ca, Cs e Cs/Ca em função do ângulo de ataque para uma determinada seção de aerofólio. Cada aerofólio tem um ângulo de ataque para o qual Cs/Ca é máximo e esse ângulo resulta na eficiência máxima de uma turbina de eixo horizontal.

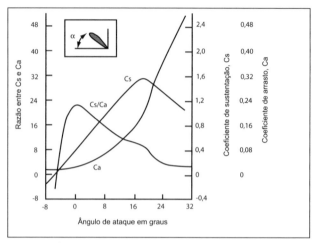

Figura 3.6: Cs, Ca e Cs/Ca em função do ângulo de ataque para uma determinada seção de aerofólio.

Fonte: Boyle (1996).

VELOCIDADE RELATIVA DO VENTO

Quando uma turbina eólica está parada, o vento incidente resultante, experimentado pelo perfil, está alinhado com o vento não perturbado que incide em uma direção perpendicular ao plano de rotação. Porém, uma vez que as pás começam a girar, o vento incidente resultante (Vr) passa a ser o componente vetorial resultante do vento incidente, perpendicular ao plano de rotação do rotor eólico (V1), e o vento resistente (Vt) ao movimento das pás, paralelo ao plano de rotação. O vento resistente constitui uma resistência das massas de ar ao movimento da pá e, portanto, uma função da velocidade desta, bem como o perfil específico em relação ao raio da pá, sendo crescente no sentido eixo do rotor (raiz da pá, onde ela está afixada) para a ponta da pá. A velocidade pode ser representada graficamente por uma seta, sendo o seu comprimento proporcional à velocidade, e a posição indica a direção. A Figura 3.7 apresenta uma seção transversal de pá com os parâmetros de elemento de pá.

O ângulo que o vetor velocidade relativa faz com a linha de corda é o de ataque α. O ângulo β é formado entre o plano de rotação e a corda do perfil aerodinâmico da pá, denominado ângulo de passo da pá. α + β é o ângulo em que o vetor velocidade do vento resultante faz com o plano de rotação. O plano de rotação em operação normal é mantido perpendicular à direção do vento não perturbado.

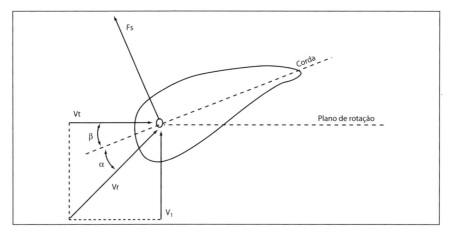

Figura 3.7: Corte transversal de uma pá mostrando os parâmetros de elemento de pá.
Fonte: Silva (2005).

Na ponta da pá, a velocidade tangencial, velocidade de vento resistente, cuja direção é perpendicular à direção do vento não perturbado, é calculada pela seguinte expressão:

$$Vt = W \times R \tag{3.19}$$

Em que:

Vt = velocidade tangencial de ponta de pá em m/s
W = velocidade angular da pá em rad/s
R = raio da pá em metros

Para geração de eletricidade é esperado que a velocidade tangencial de ponta de pá seja de 5 a 10 vezes maior que a velocidade do vento não perturbado.

A razão entre a velocidade de ponta de pá e a velocidade do vento não perturbado é denominada velocidade específica de ponta de pá, calculada pela seguinte expressão:

$$\lambda = \frac{W \times R}{V1} = \cot an(\alpha + \beta) \qquad (3.20)$$

O melhor desempenho para a seção de aerofólio ocorre quando o ângulo de ataque α é mantido constante, isto é, a velocidade específica λ é mantida constante em seu valor ótimo, o que significa que a velocidade de rotação da turbina poderia variar diretamente com a velocidade do vento incidente (não perturbado).

Com base na Figura 3.7, verifica-se que se as pás não estiverem em movimento, Vt é igual a zero e, portanto, Vr = V1. À medida que a pá começa a girar Vt aumenta e, portanto, Vr passa a ser a resultante entre Vt e V1, diminuindo o valor do ângulo de ataque α.

A Figura 3.8 representa novamente o corte transversal de uma pá mostrando as forças atuantes nela quando em movimento. Como mencionado, um objeto inserido em um fluxo de ar está sujeito a uma força que é resultante de duas forças perpendiculares entre si, força de sustentação e força de arrasto.

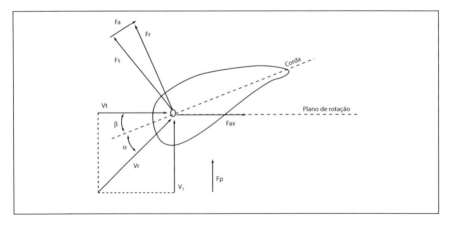

Figura 3.8: Corte transversal de uma pá mostrando as forças atuantes.
Fonte: Silva (2005).

Na Figura 3.8, a força de arrasto (Fa) está alinhada com a direção da velocidade resultante Vr e a força de sustentação (Fs) é perpendicular à direção da velocidade do vento resultante.

A força total ou resultante (Fr) possui duas outras componentes: força axial (Fax), força desenvolvida ao longo do eixo da turbina; e força de potência (Fp), força desenvolvida na direção do plano de rotação das pás. Se Fs>Fa, Fp deverá produzir um torque de aceleração no rotor e, portanto, energia será produzida pela turbina.

Em outras palavras, essa força desenvolvida em cada ponto de pá multiplicada pela distância entre a raiz da pá até o ponto correspondente dá origem a um torque aerodinâmico (momento com relação ao centro da pá). A integração desse torque ao longo da pá multiplicado pelo número de pás fornece o torque total desenvolvido por uma turbina eólica. Esse torque multiplicado pela rotação angular produz a potência mecânica de rotação que será convertida em potência elétrica pelo gerador elétrico.

Se Fax é o incremento da força axial, e Fp da força tangencial (a qual produz aceleração e potência), essas forças podem ser calculadas pelas seguintes expressões:

$$Fax = Fs \times \cos(\alpha+\beta) + Fa \times sen(\alpha+\beta) \tag{3.21}$$

$$Fp = Fs \times sen(\alpha+\beta) + Fa \times \cos(\alpha+\beta) \tag{3.22}$$

O conjugado de força resultante na turbina eólica depende do perfil aerodinâmico das pás, que tipicamente é projetado para ter uma forma assimétrica, com um lado plano onde o vento incide e o outro lado arredondado, onde o vento abandona o perfil. Pequenas alterações de projeto nesse perfil podem resultar em significativas alterações na potência extraída do vento pela turbina e no ruído emitido pelas pás.

Turbinas controladas por estol das pás

Supondo que a turbina eólica esteja girando a uma velocidade constante, independentemente da velocidade do vento não perturbado, e que o ângulo de passo da pá esteja fixo, à medida que a velocidade do vento aumenta a velocidade específica de ponta de pá, λ decresce. Ao mesmo tempo, o ângulo relativo (ângulo entre a velocidade resultante e a velocidade do vento não perturbado) aumenta, causando um aumento do ângulo de ataque α.

É possível tirar vantagens dessa característica para realizar o controle de velocidade e potência da turbina eólica na incidência de ventos de alta velocidade. Para que isso ocorra, as pás podem ser projetadas para que acima da velocidade nominal do vento elas se tornem menos eficientes quando o ângulo de ataque se aproxima do ângulo de estol, ou seja, ângulo em que as pás entram em processo de estolamento com o fluxo, repentinamente deixando o lado de sucção (ângulo de ataque elevado). Na condição normal de funcionamento, o vento tem um perfil laminar nas pás. Quando a velocidade do vento atinge um valor tal, o perfil do vento se descola das pás, apresentando um comportamento turbulento (efeito estol). O resultado é a perda da força de sustentação e aumento da força de arrasto e, portanto, diminuição do torque na região onde a turbina está em processo de estolamento. A Figura 3.9 mostra o perfil do vento escoando sobre as pás. De forma a evitar que o efeito do estolamento ocorra em todas as posições radiais das pás, o que reduziria significativamente a potência produzida, as pás possuem uma pequena torção longitudinal de forma a suavizar o desenvolvimento desse efeito.

 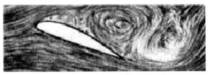

Corrente adjacente   Correntes separadas (Stall)

Figura 3.9: Perfil do vento escoando sobre as pás.
Fonte: http://www.cresesb.cepel/br/index.php?link-/tutorial_eolica.htm.

Turbinas controladas pelo ajuste do ângulo de passo (β)

As turbinas projetadas com controle de velocidade e potência feito por meio do ajuste do ângulo de passo possuem um dispositivo mecânico de variação do ângulo de passo que permite que as pás sejam giradas longitudinalmente, de forma que, reduzindo-se o ângulo de ataque por meio do aumento do ângulo de passo, reduz-se a potência produzida pela turbina. Trata-se, portanto, de um efeito ativo produzido pelo controlador de potência do sistema quando esta ultrapassa a potência nominal do gerador em razão de um aumento da velocidade do vento. Assim, para velocidades do vento acima da nominal da turbina eólica, o ângulo de passo é ajustado pelo mecanismo de controle, de forma que a potência da turbina fique constante no seu valor nominal. Essa região é denominada região nominal de operação da turbina. Para ventos inferiores ao nominal, o ângulo de passo é fixado em um valor que garanta a máxima extração de potência pelo rotor eólico (normalmente para um vento prevalecente).

RELAÇÃO ENTRE POTÊNCIA, VELOCIDADE DO VENTO NÃO PERTURBADO (V_1) E VELOCIDADE ESPECÍFICA DE PONTA DE PÁ (λ)

O torque *versus* rotação desenvolvido por uma turbina, para dois valores de velocidade de vento (V_1 e V_2) é mostrado na Figura 3.10. Verifica-se a ocorrência de um pequeno torque quando a velocidade é nula, atingindo um valor máximo antes de cair para um valor próximo de zero quando o rotor apenas flutua com o vento. A curva correspondente de potência *versus* velocidade de rotação da turbina é mostrada na Figura 3.11. Como a po-

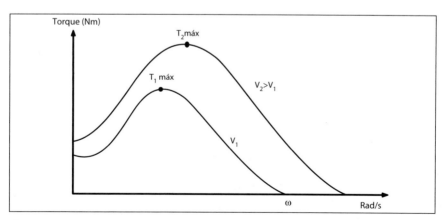

Figura 3.10: Torque *versus* velocidade do rotor para duas velocidades de vento V_1 e V_2.
Fonte: Patel (2006).

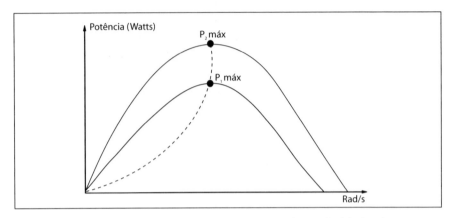

Figura 3.11: Potência *versus* velocidade do rotor para duas velocidades de vento V_1 e V_2.

Fonte: Patel (2006).

tência mecânica é dada pelo produto do torque pela velocidade angular da turbina, a potência é nula quando a velocidade é zero e também quando a velocidade é alta e o torque é nulo. A potência gerada é máxima quando a velocidade do rotor está entre $P_{1máx}$ e $P_{2máx}$, quando a velocidade do vento é V_1 e V_2, respectivamente. A velocidade do rotor quando ocorre a máxima potência não é a mesma quando ocorre o torque máximo. A estratégia de operação é operar o rotor na velocidade próxima da que fornece a potência máxima. Tendo em vista que $P_{máx}$ muda com a velocidade do vento, a velocidade do rotor deve ser ajustada para forçá-lo continuamente a disponibilizar potência no seu valor máximo.

A Figura 3.12 mostra uma curva de Cp *versus* velocidade específica para vários tipos de turbinas eólicas. Como visto no Capítulo 2, em um determinado sítio, a velocidade do vento pode variar desde zero até valores elevados (rajadas de vento). Para uma dada velocidade de vento, o coeficiente de potência C_p varia com a velocidade específica λ, como mostrado na Figura 3.12. O máximo valor de Cp ocorre na velocidade de vento em que a turbina gera o seu valor máximo de potência, indicada na Figura 3.11. Para capturar uma potência elevada nas altas velocidades de vento, o rotor deve girar em uma velocidade mais alta, tal que λ (velocidade específica) ou razão entre a velocidade de ponta de pá e a velocidade do vento (não perturbado)

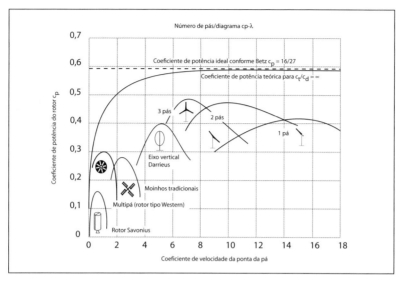

Figura 3.12: Eficiência do rotor Cp *versus* a razão entre V_t e V_1 (λ velocidade específica).
Fonte: Dewi (2001).

seja mantido constante no seu valor ótimo. No entanto, os seguintes atributos de desempenho do sistema são atribuídos à velocidade específica λ:

- A eficiência máxima do rotor (Cp) é alcançada a um determinado valor de λ, o qual é específico do projeto aerodinâmico de uma dada turbina eólica. Como mostrado na Figura 3.12, o λ necessário para que haja a máxima extração de potência varia entre um valor unitário para turbinas multipás, que são turbinas de baixa velocidade, até valores próximos de 10 para as modernas turbinas de duas pás de alta velocidade de rotação.

- O estresse mecânico centrífugo imposto ao material da pá é proporcional ao λ. A máquina, quando trabalha com elevado λ, está necessariamente mais estressada. Portanto, se uma máquina é projetada para a mesma potência no mesmo regime de vento, para operação a um valor de λ maior, ela deverá ter pás mais estreitas.

- A habilidade de uma turbina eólica partir com cargas baixas é inversamente proporcional ao λ projetado. Quando λ aumenta, o torque de partida produzido pela pá decresce, ou seja, quanto menor λ, maior o torque de partida.

Como será visto no Capítulo 4, é necessário que se tenha um controle de velocidade variável para manter λ constante e a turbina produzindo energia continuamente no seu ponto de máxima eficiência na medida em que a velocidade do vento muda. Para se obter um λ constante no valor ótimo, as pás são orientadas para maximizar a força de sustentação e minimizar a força de arrasto. Uma turbina eólica selecionada para trabalhar com λ constante (turbina de velocidade variável) permite que tanto a velocidade do rotor quanto a do gerador variem, mudando o ângulo de passo das pás.

A configuração geral do sistema eólico determinado conforme o tipo de aplicação e potência é que nos indica o tipo de rotor e gerador ideal para ser utilizado. Seu rendimento é fornecido pelo fabricante.

Tomando como exemplo a curva de eficiência da turbina tipo hélice na Figura 3.12, observa-se que, para uma determinada velocidade de vento, existe um único valor de λ ou velocidade angular correspondente que fornece uma eficiência máxima. Como a velocidade do vento varia instantaneamente, para manter a turbina trabalhando na sua eficiência máxima, que resulta na potência máxima, é necessária uma atuação do sistema de controle, variando a velocidade angular de tal modo que o valor de λ seja continuamente igual ao valor que fornece a máxima potência. O λ para extração da máxima potência é de aproximadamente 1 para turbinas multipás e de baixa rotação até valores próximo a 10 para as modernas turbinas, de três e duas pás.

Podemos também definir a potência mecânica (Pm) no eixo da turbina como potência rotacional.

$Pm = \Im \times \omega$

Em que:

$\Im$ – torque em Nm
ω – velocidade angular do rotor em rad/s

A mesma potência pode ser gerada com um alto torque e baixa velocidade ou pequeno torque e alta velocidade. As características torque-rpm do rotor devem combinar-se com as características de torque-rpm da carga.

ENERGIA ELÉTRICA GERADA POR UMA TURBINA EÓLICA

A estimativa do potencial de geração de energia por meio dos ventos consiste na determinação da produtividade (energia e potência gerada) de uma turbina em um sítio onde os dados de velocidade de vento estão disponíveis em uma das diversas formas (série de dados medidos ou dados compactados – velocidade média, desvio padrão), conforme apresentado no Capítulo 2.

A potência contida no vento é $P = \frac{1}{2} \cdot \rho \cdot A \cdot v^3$, conforme mostrado no Capítulo 2. Na prática, a potência elétrica (Pe) gerada por uma turbina é indicada pela sua curva de potência. A curva de potência de uma turbina eólica normalmente é levantada por meio de testes de operação do aerogerador em campo como descrito em IEC (2005). A Figura 3.13 apresenta em um mesmo gráfico curvas de potência típicas reais de aerogeradores, bem como a curva de potência eólica e potência teórica máxima utilizável.

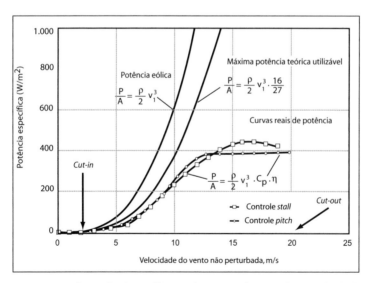

Figura 3.13: Curvas de potência – eólica, máxima potência teórica utilizável, curvas de potência reais.

Fonte: Dewi (2001).

A curva de potência real da turbina eólica ilustra três características da velocidade do vento:

- Velocidade *cut-in*: velocidade do vento em que o aerogerador começa a gerar eletricidade.
- Velocidade nominal: velocidade do vento a partir da qual a turbina gera energia na sua potência nominal. Frequentemente, mas nem sempre, a máxima potência.
- Velocidade *cut-out*: velocidade do vento em que o aerogerador é desligado para manter as cargas, a potência do gerador elétrico e a integridade física da máquina dentro dos limites de segurança ou fora dos limites de danos aos diversos componentes do aerogerador.

A produtividade energética de um aerogerador pode ser determinada por meio do uso direto dos dados de ventos (série de dados medidos ou histograma de velocidade de vento), conforme apresentado no Capítulo 2, ou por meio do uso de técnicas estatísticas usando as funções de densidade de probabilidades apresentadas também no Capítulo 2.

Determinação da energia elétrica gerada com base na série de dados medidos

Utilizando uma série de *n* observações de velocidade de vento, cada observação representada por um valor médio dentro de um intervalo de tempo Δt, pode-se calcular a potência média gerada por um aerogerador a partir da seguinte equação:

$$\overline{Pe} = \frac{1}{N} \sum_{i=1}^{N} Pe(v_i) \qquad (3.23)$$

em que $Pe(v_i)$ é a potência elétrica em função da velocidade do vento extraída da curva de potência do aerogerador.

A energia elétrica gerada (Eg) por um aerogerador pode ser calculada pela seguinte expressão:

$$Eg = \sum_{i=1}^{N} Pe(v_i)\Delta t \qquad (3.24)$$

Determinação da energia elétrica gerada com base no histograma de velocidade de vento

Conforme apresentado no Capítulo 2, a série de velocidades de vento medida pode ser compactada usando o método de classes de velocidade, em que os dados são separados em intervalos de ocorrências de velocidades de vento associados a um número de ocorrências ou frequência absoluta. Dessa forma, com base nos cálculos demonstrados no Capítulo 2, a potência elétrica gerada por uma turbina eólica pode ser calculada pela seguinte expressão:

$$\bar{Pe} = \frac{1}{N}\sum_{j=1}^{I} Pe(m_j)f_j \qquad (3.25)$$

Em que:

f_j = número de ocorrências de velocidade de vento no intervalo j
m_j = ponto médio das velocidades ocorridas no intervalo j
Pe = potência elétrica gerada na ocorrência de velocidade m_j
J = intervalo, varia de 1 a I, sendo I o número total de intervalos de ocorrências de velocidade de vento

A energia elétrica gerada por um aerogerador pode ser calculada pela seguinte expressão.

$$Eg = \sum_{j=1}^{I} Pe(m_j)f_j \Delta t \qquad (3.26)$$

em que Δt é o intervalo de tempo (normalmente 10 min) de amostragem das velocidades de vento.

Determinação da energia elétrica gerada com base nas técnicas estatísticas

Para uma dada função de distribuição do regime de vento p(v) e uma curva de potência conhecida de um aerogerador, a potência elétrica média gerada pode ser calculada pela seguinte expressão:

$$\bar{Pe} = \int_0^\infty Pe(v)p(v)dv \tag{3.27}$$

É possível determinar a curva de potência do aerogerador baseada na potência eólica e o coeficiente de potência C_p com base na equação já demonstrada no início deste capítulo. A seguinte equação expressa essa relação:

$$Pe(v) = (1/2)\rho A Cp \eta V^3 \tag{3.28}$$

em que η é a eficiência do conjunto rotor-gerador. Cp como visto no início desse capítulo é função da velocidade específica da turbina eólica,

$$\lambda = \frac{W \times R}{V}$$. Portanto, assume-se um valor constante para que se possa

obter uma outra expressão para cálculo da potência média gerada por um aerogerador.

$$\bar{Pe} = (1/2)\rho A \eta \int_0^\infty Cp(\lambda) v^3 p(v) dv \tag{3.29}$$

A partir dessa equação é possível utilizar os métodos estatísticos para estimar a energia gerada por um determinado aerogerador instalado em um determinado sítio com um mínimo de informação. Apresenta-se, a seguir, cálculo da estimativa da energia gerada baseada nas duas funções estatísticas que representam o comportamento dos ventos e que foram apresentadas no Capítulo 2. São elas: função de Rayleigh e função de Weibull.

Para um perfil de vento representado pela função de Rayleigh, a potência média gerada pode ser calculada pela seguinte expressão:

$$\bar{P}e = \frac{1}{2}\rho A\eta \int_0^\infty Cp(\lambda)v^3 \left\{ \frac{\pi}{2}\frac{v}{\bar{v}^2} e^{\left[-\frac{\pi}{4}\left(\frac{v}{\bar{v}}\right)^2\right]} \right\} dv \qquad (3.30)$$

Para um perfil de vento representado pela função de Weibull, a potência média gerada pode ser calculada pela seguinte expressão:

$$\bar{P}e = \frac{1}{2}\rho A\eta \int_0^\infty Cp(\lambda)v^3 \left\{ \left(\frac{k}{c}\right)\left(\frac{v}{c}\right)^{k-1} e^{\left[-\left(\frac{v}{c}\right)^k\right]} \right\} dv \qquad (3.31)$$

EXERCÍCIOS

1. Considere o ar passando através de um anel circular formando uma área de 150 m², a uma velocidade de 12 m/s. Qual é o volume de ar por segundo que passa através do anel circular? Se a massa específica do ar é aproximadamente 1,20 kg/m³, qual é a massa desse volume de ar? Quanto de potência possui um fluxo de ar que incide em uma área de 150 m² a uma velocidade de 13 m/s?

2. Baseado apenas em dados de velocidade média, calcule a estimativa da produção anual de energia de uma turbina de eixo horizontal com 12 m de diâmetro operando em um regime de vento com uma velocidade média de 8 m/s. Assuma que a turbina eólica está operando em condições atmosféricas padrão (ρ = 1.225kg/m³). Assuma a eficiência da turbina de 0,4.

3. Uma turbina eólica de potência nominal igual a 600 kW possui uma velocidade de entrada (*cut-in*) de 5 m/s, velocidade nominal de 20 m/s e velocidade de corte de 22 m/s. Sua potência de saída em função da velocidade do vento na altura do cubo (rotor) é apresentada na tabela abaixo. A altura do cubo é igual a 45 m.

Velocidade (m/s)	0	2	4	6	8	10
Potência (kW)	0	0	0	80	120	360
Velocidade (m/s)	12	14	16	18	20	22
Potência (kW)	500	550	580	590	600	0

Calcule a energia anual gerada e o fator de capacidade para:

a) Um sítio com ventos fortes onde o vento sopra com uma distribuição de Rayleigh com velocidade média de 8,2 m/s medidos a 10 m do solo.
b) Um sítio potencialmente atrativo onde a velocidade média a 10 m do solo é de 6 m/s. A distribuição também é a de Rayleigh.
c) Discuta e compare os resultados. Escolha o tipo de terreno.

4. Considere a instalação de uma planta eólica de 75 MW em uma localidade que apresente o seguinte regime de vento:

Dados de vento medidos na altura do cubo do aerogerador:

$\bar{V}$ = 8 m/s

σ = 1,98 m/s

k = 4

Informações adicionais:

- Considere que a distribuição dos ventos se dá de acordo com a função densidade de probabilidade de Weibull.
- Altura de instalação das turbinas = 80 m.
- Considere um fator de disponibilidade da central de 98%.
- Considere um fator de perda da central de 5%.

Calcule:

Produção anual de energia elétrica e o fator de capacidade dessa planta usando a turbina com a curva de potência representada na tabela baixo.

VELOCIDADE DO VENTO NA ALTURA DO CUBO (m/s)	POTÊNCIA (kW)
1	0,0
2	0,0
3	0,0
4	3,1
5	72,8
6	191
7	347

8	538
9	705
10	1.004
11	1.181
12	1.362
13	1.427
14	1.470
15	1.500
16	1.500
17	1.500
18	1.500
19	1.500
20	1.500
21	1.500
22	1.500
23	1.500
24	1.500
25	1.500

5. Deseja-se instalar 10 MW em turbinas eólicas utilizando o modelo de turbina mostrado na figura abaixo. Considerando que a planta será instalada em uma determinada região que apresenta um fator de capacidade anual de 40%, calcule:

   a) Energia anual gerada pela planta.
   b) Qual a velocidade do vento (m/s) nos itens abaixo?
      – $V_{entrada}$ da turbina.
      – $V_{nominal}$ de projeto.
      – V_{corte} da turbina.
   c) Rendimento da turbina:
      – η médio.
      – η velocidade nominal.
      – η velocidade de corte.
   d) Coeficiente de potência da turbina (Cp):
      – Cp na velocidade nominal de projeto.
      – Cp na velocidade de 10 m/s.

– Explique, com base no princípio de funcionamento da turbina, a diferença entre os dois Cp's.

Dados: η gerador = 90%; η engrenagens = 90%; ρ ar = 1,2 kg/m³
Diâmetro da turbina = 40m e altura do cubo = 44 m

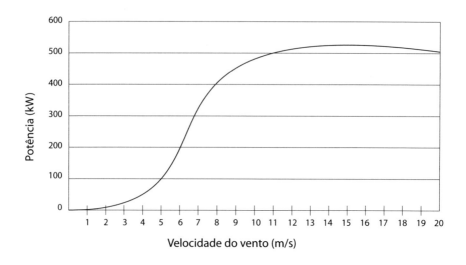

4 Sistema conversor de energia eólica

INTRODUÇÃO

As máquinas eólicas modernas são referidas como turbinas eólicas, sistemas de conversão de energia eólica ou aerogeradores para distingui-las das máquinas tradicionais.

Em grande parte, as modernos aerogeradores são equipamentos utilizados para gerar eletricidade. Variam desde pequenos aerogeradores para produzir potências na ordem de dezenas ou centenas de kW, utilizadas principalmente em áreas rurais, até aerogeradores considerados de grande porte, que produzem potências na ordem de alguns MW e que normalmente estão interconectadas à rede elétrica.

Há vários *lay-outs* ou topologias de turbinas eólicas. A maioria das topologias está relacionada ao rotor e ao tipo de gerador utilizado. Este capítulo tem como objetivo apresentar os tipos de aerogeradores utilizados, dando maior destaque ao aerogerador tipo hélice de eixo horizontal de três pás, por ser o mais utilizado na atualidade em suas várias aplicações. São apresentados os diversos equipamentos que compõem um aerogerador, seus aspectos mecânicos, elétricos e materiais envolvidos na sua fabricação.

TURBINA EÓLICA: CLASSIFICAÇÃO

Existe uma variedade de máquinas eólicas desenvolvidas para extrair a energia dos ventos e transformá-la em energia mecânica e elétrica. A Figura 4.1 mostra alguns tipos de máquinas eólicas que foram propostas nos últimos anos.

Os aerogeradores modernos, que estão sendo utilizados para geração de energia elétrica tanto em aplicações isoladas quanto conectadas às redes elétricas, apresentam-se em duas configurações básicas conforme a orientação do eixo com relação ao solo: turbinas de eixo horizontal e turbinas de eixo vertical.

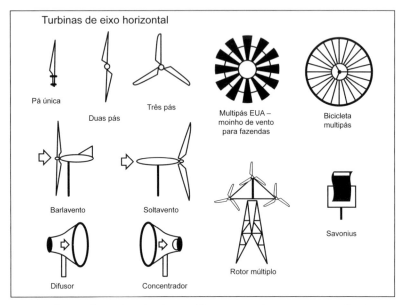

Figura 4.1: Alguns tipos de máquinas eólicas propostas para conversão de energia eólica.

Fonte: Manwell et al. (2004).

As turbinas de eixo horizontal geralmente possuem duas ou três pás, bem como há turbinas com um número maior de pás. Turbinas com um grande número de pás normalmente são utilizadas na conversão de energia eólica em energia mecânica com aplicação usual no bombeamento de água em sítios e fazendas, e são conhecidas como cata-ventos ou turbinas multipás.

Grande parte das turbinas comerciais de eixo horizontal utilizadas para geração de eletricidade, tanto em pequena quanto em elevada potência nominal, possui três pás, por serem as que apresentam as maiores vantagens técnicas e econômicas. Porém, turbinas de uma ou duas pás que também foram desenvolvidas e estão em uso em alguns países apresentam características que as tornam eficientes e mais econômicas em algumas aplicações, entre elas a geração de energia em plantas *offshore*. A Figura 4.2 apresenta os modelos de turbinas eólicas de eixo horizontal mais utilizadas na atualidade.

Figura 4.2: Turbinas eólicas de eixo horizontal – multipás, três, duas e uma pá.
Fonte: http://www.nagah,edu/image/centers/ERC/multi.jpg.
http://www.gdhpress.com.br.
http://upload.wikimedia.org.

As turbinas de eixo vertical possuem vantagens e desvantagens com relação às de eixo horizontal. Uma das vantagens consiste na possibilidade de aproveitar os ventos vindos de qualquer direção, sem a necessidade de possuir mecanismo que direcione o rotor com a mudança de direção do vento. A turbina de eixo vertical mais conhecida é a turbina Darrieus, inventada em 1925 e mostrada na Figura 4.3a. Esse modelo possui pás curvas (cada uma com uma seção transversal de aerofólio simétrico) com uma ponta fixada na extremidade superior do eixo vertical e a outra na extremidade inferior do mesmo eixo. O aerogerador de eixo vertical modelo Darrieus é o mais avançado da categoria. Algumas centenas foram instaladas em fazendas eólicas na Califórnia, Estados Unidos, um número menor no Canadá e pesquisas para aprimoramento desse modelo vêm sendo conduzidas em outras partes do mundo, particularmente Alemanha, França e Espanha. Uma vantagem adicional com relação à de eixo horizontal está na localização dos componentes principais junto ao solo, o que facilita os trabalhos de manutenção da turbina. Outros modelos de eixo vertical desenvolvidos são: eixo vertical tipo *H* e eixo vertical tipo *V*, os quais foram propostos tendo como um dos objetivos vencer as dificuldades de manutenção, transporte e instalação das pás curvas da turbina modelo Darrieus. As Figuras 4.3b e c mostram esses dois modelos respectivamente.

(a)　　　　　　　　　(b)　　　　　　　　　(c)

Figura 4.3: Turbina de eixo vertical – a) modelo Darrieus; b) modelo V; e c) modelo H.
Fonte: http://www.wind_energy_the_facts.org/images/fig/chap/3-2.jpg.

As turbinas eólicas também possuem uma classificação conforme a posição das pás com relação à torre. São classificadas em turbinas com "rotor a montante" – o rotor, alinhado ao vento, está à frente da torre (rotor montado a barlavento) – e "rotor a jusante" – o rotor alinhado ao vento está atrás da torre (rotor montado a sota-vento). A Figura 4.4 ilustra essas duas configurações.

Quanto à potência

Como mencionado no Capítulo 1, a potência unitária das turbinas eólicas vem aumentando substancialmente. Enquanto na década de 1980 as turbinas comerciais tinham potência na ordem de 50 kW, hoje as turbinas

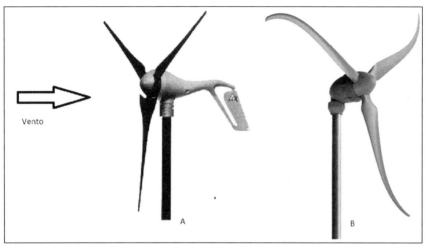

Figura 4.4: Aerogerador com rotor montado a barlavento (A) e rotor montado a sotavento (B).

Fonte: http://www.word_mysteries.com/sci_sci_maryj_turbine1.git.
http://www.tangoraysolar.com/wp-content/uploads/2009/08.

eólicas alcançaram potências em torno de 6.000 kW, o que certamente altera sua classificação em termos de potência. Com base nas turbinas existentes, pode-se classificá-las como:

- Turbinas de pequeno porte: potências até 100 kW.
- Turbinas de médio porte: 100 kW < potência < 1.000 kW.
- Turbinas de grande porte: potência acima de 1.000 kW.

COMPONENTES DE UM AEROGERADOR

Os principais componentes ou subsistemas de uma turbina de eixo horizontal são mostrados na Figura 4.5. Eles incluem:

- Rotor: pás e cubo (suporte), onde estas são acopladas, mecanismo de controle de passo da pá.
- Sistema de transmissão mecânico: incluem as partes rotativas da turbina (excluindo o rotor), eixos (alta e baixa rotação), caixa multiplicadora de velocidade, acoplamentos, freio mecânico e gerador elétrico.

- Nacele e sua base: compartimento no qual estão alojados os vários componentes (excluindo o rotor), base da nacele e sistema de orientação do rotor (yaw).
- Controle da turbina.
- Suporte estrutural (torre).

O aerogerador, em função de sua aplicação, necessita de componentes adicionais para fazer o acondicionamento da potência gerada para atendimento direto das cargas ou conexão à rede elétrica. São cabos, chaves, disjuntores, transformador e, quando usados, banco de capacitores, conversores de potência, filtros de harmônicos. O Capítulo 5 descreve com mais detalhes os componentes elétricos, sistemas de controle e demais componentes utilizados para controle e integração de um aerogerador na rede elétrica.

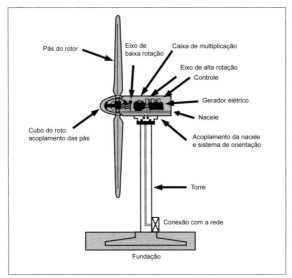

Figura 4.5: Principais componentes ou subsistemas de um aerogerador de eixo horizontal.
Fonte: Macedo (2002).

Existem algumas opções de configuração relacionadas ao projeto de um aerogerador e que são escolhidas conforme aplicação e estudos técnicos e econômicos. São elas:

- Número de pás do rotor.
- Orientação do rotor com relação à torre.
- Material em que são feitas as pás, método de construção, perfil do aerofólio.
- Projeto do cubo: rígido, flexível, em balanço.
- Controle do torque aerodinâmico: estol e controle de passo.
- Velocidade do rotor: fixa ou variável.
- Orientação do rotor com relação à direção do vento: livre ou mecanismo ativo (yaw).
- Gerador elétrico: síncrono ou assíncrono (gaiola de esquilo ou rotor bobinado).
- Multiplicação de velocidade do rotor: com caixa de engrenagem (eixo paralelo ou planetário), sem caixa de engrenagem (acoplamento direto do gerador elétrico ao eixo de baixa rotação).

A seguir, apresentam-se informações mais detalhadas sobre os principais tipos de componentes e outras partes importantes de um aerogerador. A Figura 4.6 apresenta maiores detalhes de um aerogerador de eixo horizontal, com destaque para os componentes alojados dentro da nacele.

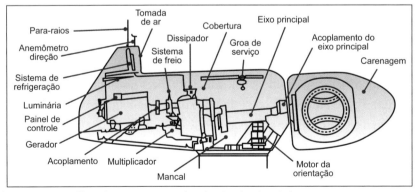

Figura 4.6: Detalhes de um aerogerador de eixo horizontal.
Fonte: Macedo (2002).

Rotor eólico

O rotor eólico é o principal componente de um aerogerador. É nele que se perde e se converte boa parte da energia contida nos ventos. No Capítulo 3 foi mostrado que a máxima eficiência mecânica teórica (eficiência de Betz) é de 59,3%, e que a eficiência mecânica real é menor que a teórica, função de vários parâmetros, tais como: perfil aerodinâmico das pás, número de pás, dimensão das pás, perfil da esteira da turbina, entre outros. Estruturalmente, o rotor eólico é composto por vários subsistemas. Baseado na definição de que o rotor é composto por todas as partes rotativas que ficam fora da nacele, esses subsistemas compreendem as pás, o cubo e o mecanismo de controle de passo.

Pás

As pás são os componentes responsáveis por converter a energia eólica em energia mecânica de rotação. Dois aspectos devem ser considerados no projeto de uma pá, e se encaixam em duas categorias: aerodinâmica e estrutura. Esses aspectos são trabalhados no sentido de não apenas reduzir o custo do equipamento como também reduzir o custo da energia gerada durante sua vida útil, levando em conta a produção de energia, a vida útil do equipamento (durabilidade) e os custos de operação e manutenção.

No que tange ao projeto aerodinâmico das pás, os seguintes fatores principais influenciam no projeto:

- *Potência e velocidade nominal projetada*

O comprimento das pás e, portanto, a área formada por seu giro está diretamente relacionada com velocidade e potência nominais da turbina. No Capítulo 3 apresentou-se a equação que converte energia eólica em mecânica, na qual se observa que a potência eólica e, consequentemente, a potência mecânica são diretamente proporcionais à área de captação dos ventos.

- *Velocidade específica de ponta de pá – λ*

É extremamente vantajoso que a turbina apresente uma elevada velocidade específica λ, o que resulta em uma área sólida pequena do rotor e, consequentemente, menor custo. A alta velocidade de rotação do rotor torna-se ideal, pois esta fica mais próxima da velocidade de rotação do gerador elétrico, o que permite colocar uma caixa multiplicadora com menos estágios de multiplicação. Porém, elevada velocidade específica λ resulta em maior ruído aerodinâmico. Como a pá é fina e, portanto, flexível, ela sofre maior estresse e apresenta maiores problemas de vibração e deflexão extrema, o que pode ocasionar um impacto na torre.

- *Solidez*

A solidez descreve a fração da área varrida pelo giro das pás que é sólida, ou seja, é a razão entre a área sólida das pás e a área total formada pelo giro destas. Turbinas eólicas com um elevado número de pás, a exemplo dos cata-ventos usados no bombeamento de água, possuem elevada área sólida, e são conhecidas como turbinas eólicas de elevada solidez; turbinas eólicas com pequena área sólida, como as turbinas modernas utilizadas na geração de eletricidade (uma, duas ou três pás) são conhecidas como turbinas de baixa solidez.

Com o propósito de extrair energia tão eficiente quanto possível, as pás têm que interagir o máximo possível com os ventos que passam através da área do rotor. As pás de elevada área sólida, turbinas multipás, interagem com todo o vento em uma baixa velocidade específica de ponta de pá (λ), enquanto as pás de turbinas com pequena área sólida têm que girar mais rápido para preencher toda a área virtualmente, pois, caso contrário, parte do vento passará por entre as pás não contribuindo, portanto, para a conversão de energia. Se a velocidade específica de ponta de pá (λ) é muita baixa, parte do vento passa pelo rotor sem interagir com as pás; se a velocidade específica de ponta de pá (λ) for muita alta, a turbina oferece muita resistência ao vento, de tal forma que parte do vento se desvia ao redor desta.

- *Aerofólio*

À medida que as turbinas são projetadas com uma velocidade específica de ponta de pá maior, a escolha do aerofólio adequado se torna progressivamente mais importante. Em particular, é necessário manter a razão entre os coeficientes de sustentação e de arrasto elevada se o rotor possuir um coeficiente de potência elevado. Também é notável que o coeficiente de sustentação terá um efeito na área sólida do rotor e, contudo, na corda da pá: quanto maior o coeficiente de sustentação, menor a corda da pá. Adicionalmente, a escolha do aerofólio é afetada pelo método de controle do torque aerodinâmico empregado. Por exemplo, um aerofólio adequado para uso quando se deseja controlar o ângulo de passo das pás pode não ser apropriado para uso em turbinas controladas por estol.

As turbinas eólicas, usualmente, não possuem um formato único de aerofólio ao longo do comprimento da pá. É comum que o aerofólio seja de uma mesma família, mas a espessura relativa varia ao longo da pá. Aerofólios que possuem maior espessura próxima da raiz da pá oferece maior resistência, sem afetar a eficiência total da pá.

Existem dois tipos principais de seções de aerofólios: assimétricos e simétricos, como mostrado na Figura 4.7. Ambos possuem superfície superior convexa, borda arredondada, denominada borda de ataque, e uma borda pontiaguda denominada borda de fuga. A distinção entre os tipos de aerofólios se dá em função do formato da seção inferior. Os aerofólios assimétricos são otimizados para produzir maior força de sustentação quando o lado inferior do aerofólio está mais próximo da direção para onde o ar está fluindo, enquanto os aerofólios do tipo simétrico são capazes de induzir igualmente força de sustentação (embora em direção contrária) quando o fluxo de ar vem de ambos os lados.

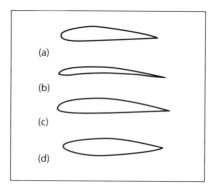

Figura 4.7: Tipos de seções de aerofólios – a), b) e c) são formas de aerofólios assimétricos e d) é um aerofólio de seção simétrica.

Fonte: Boyle (1996).

Existem algumas opções de formato de pás. A Figura 4.8 mostra algumas formas típicas. A forma básica e a dimensão das pás são determinadas fundamentalmente pelo *layout* global da turbina e considerações de aerodinâmica (Manwell et al., 2004). Detalhes da forma, particularmente próxima à raiz das pás, também são influenciadas por considerações estruturais. As características dos materiais, bem como os métodos de fabricação disponíveis, são também particularmente importantes na decisão por um formato exato de pá.

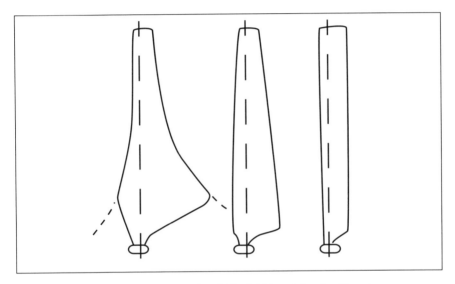

Figura 4.8: Opções de formato de pá – a) ideal; b) trapézio; c) retângulo.
Fonte: Manwell et al. (2004).

- *Número de pás*

Em função da técnica empregada atualmente na fabricação das pás, torna-se vantajoso ter um número menor delas, tendo em vista que o custo de um aerogerador fica reduzido. Porém, a despeito do custo, existem vantagens e desvantagens ao compararmos as turbinas eólicas modernas de uma, duas ou três pás.

Turbina de duas pás cuja largura é igual a de três pás terá uma razão de velocidade de ponta de pá ótima (λ) 1/3 maior que a de três pás. Uma turbina com uma pá cuja largura é a mesma da de duas pás terá uma razão de velocidade de ponta de pá duas vezes maior que a de duas pás. No Capítulo 3 foi mostrado que as turbinas eólicas com rotor de pequena área sólida possuem razões de velocidade de ponta de pá ótimas entre 6 e 20.

Na teoria, quanto maior o número de pás, mais eficiente é o rotor. Todavia, as pás podem interferir umas nas outras, ou seja, turbinas com rotor de elevada área sólida tendem a ter uma eficiência global menor que as de pequena área sólida.

Comparando o desempenho das turbinas de uma, duas e três pás, esta última possui a maior eficiência. Razões tais como maior estabilidade, momento polar de inércia constante com relação ao movimento de orientação do rotor, menor velocidade rotacional para uma mesma produção de energia, menor ruído e sistema menos complexo para absorver os impactos das cargas (forças) do rotor com a turbina fazem com que turbinas de três pás sejam as mais usadas na atualidade.

As turbinas de duas pás têm um momento de inércia menor quando as pás estão na posição vertical do que quando estão na horizontal. Esse problema é atenuado por meio do uso de mecanismo que permita atenuar o desequilíbrio das pás.

A turbina de uma pá, como mencionado, pode girar com uma alta velocidade de ponta de pá, seu custo é menor, porém, ela exige um contrapeso para equilibrar o peso da pá única.

Turbinas de elevada área sólida, elevado número de pás, fornecem maior torque na partida e operam com baixa velocidade, como é o caso das turbinas multipás utilizadas no bombeamento de água. Para geração de eletricidade, as turbinas de duas ou três pás são as mais utilizadas, pois, por possuírem pequena área sólida, trabalham com velocidades elevadas mais próximas da velocidade de rotação do gerador elétrico.

O modelo de uma turbina não é ditado apenas pela tecnologia, mas por uma combinação de tecnologia e custo. Fabricantes de turbinas eólicas otimizam suas máquinas de tal modo que o custo da eletricidade gerada seja o menor possível. Em resumo, os principais fatores que permeiam a escolha do número de pás de uma turbina são:

– Efeito no coeficiente de potência (Cp).

– Especificação da velocidade específica de ponta de pá.

– Custo.

– Peso da nacele.

– Estrutura dinâmica.

- *Controle de potência do rotor*

O método empregado para controlar a potência (estol ou controle de passo) tem um efeito significante no projeto das pás, particularmente no que diz respeito à escolha do aerofólio. A turbina controlada por estol depende da perda da força de sustentação resultante do estolamento para reduzir a potência na incidência de ventos com velocidades altas. É altamente desejável que as pás possuam boas características de estolamento. O estolamento nas pás deve acontecer gradualmente, à medida que a velocidade do vento aumenta, e deve ser relativamente livre de efeitos transitórios. Nas turbinas com controle de passo, as características de estol são menos importantes. No entanto, é importante saber se as pás executam um desempenho aceitável quando há a mudança de passo nas altas velocidades de vento.

- *Orientação do rotor*

A orientação do rotor com relação à torre tem efeito na geometria das pás, mas de uma forma secundária, relacionada à inclinação das pás com relação ao plano de rotação. As turbinas eólicas cujas pás ficam atrás da torre (montada a sota-vento) operam com orientação livre. As pás são inclinadas com relação ao plano de rotação para permitir que o rotor possa rastrear o vento à medida que este mude de direção e manter uma estabilidade nesse processo. Rotores cujas pás ficam a montante da torre (montadas a barlavento) também possuem pás inclinadas, com o propósito de evitar a colisão com a torre.

No que tange ao projeto estrutural, dois aspectos são considerados: os tipos de materiais usados na fabricação das pás e os processos de fabricação utilizados.

As primeiras turbinas fabricadas no início do século XX possuíam pás de madeira. O aço passou a ser usado à medida que aumentavam o tamanho das pás. Como exemplo de turbina feita com pás de aço pode-se citar a turbina *Smith-Putnam* de 1.250 kW mencionada no Capítulo 1, desenvolvida em 1940. A partir de 1970, grande parte das turbinas eólicas desenvolvidas passou a usar pás feitas de materiais compostos, como fibra de vidro em resina poliéster, composto de fibra de vidro e de carbono e composto de madeira com epóxi, entre outras. Alumínio também é usado na fabricação das pás, porém, em sua maioria, restrito a turbinas de eixo vertical que possuem pás com corda de comprimento fixo e sem torção. O uso de materiais compostos tem o objetivo de baratear os custos das pás. Pás feitas apenas com fibra de carbono, a despeito de seu peso, ainda não são usadas em larga escala, tendo em vista o elevado preço dessa fibra.

Quanto ao processo de fabricação, existem alguns métodos empregados que se baseiam na obtenção de uma pá com estrutura rígida e leve cuja forma externa corresponde ao perfil aerodinâmico projetado. A seção transversal em qualquer ponto tem um formato de aerofólio, de tal forma que o perímetro inclui curvaturas variáveis. Adicionalmente, as pás em geral recebem uma torção e são afiladas. Com o objetivo de obter forma (perfil) e firmeza desejadas, o método usual consiste em fabricar as pás em duas partes: casca e verga. A casca proporciona a forma de aerofólio desejado e a verga a rigidez necessária. A Figura 4.9 mostra a seção transversal de uma pá típica feita de fibra de vidro (Manwell et al., 2004).

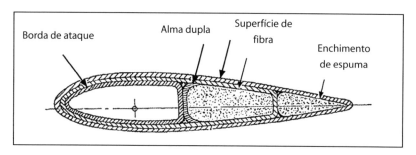

Figura 4.9: Seção transversal de uma pá feita de fibra de vidro.
Fonte: Manwell et al. (2004).

A análise estrutural do rotor é feita com base na identificação das propriedades das pás, tais como peso total, distribuição da massa, e rigidez e momento de inércia. Aspectos importantes a serem vistos são: resistência das pás, sua tendência a defletir sob carga, sua frequência natural de vibração e sua resistência à fadiga. Algumas pás de turbinas eólicas possuem equipamentos integrados à sua estrutura, os quais têm a propriedade de modificar sua superfície e, portanto, controlar seu perfil aerodinâmico. Há uma variedade de tipos que são incorporados ao projeto do rotor. Turbinas eólicas controladas por estol usualmente incorporam esses equipamentos para evitar que o rotor entre em sobrevelocidade no caso de perda do torque do gerador elétrico causada, por exemplo, pela saída (desligamento) da rede elétrica. Esses podem ser de três tipos: freios, abas e *spoilers* colocados na ponta da pá. Outro tipo de equipamento usado para controle da superfície da pá é o *aileron*. Consiste em uma portinhola que se move e fica localizada na borda traseira da pá. A Figura 4.10 apresenta alguns tipos desses equipamentos.

As turbinas eólicas que possuem controle de passo têm seu perfil aerodinâmico controlado por meio do movimento das pás em torno do seu eixo longitudinal, o qual será detalhado mais adiante.

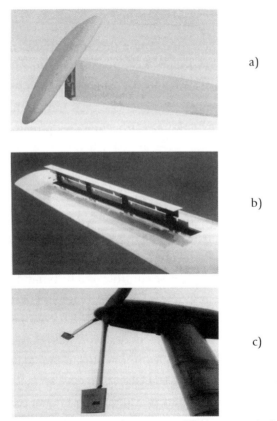

Figura 4.10: Tipos de equipamentos usados para modificar as características aerodinâmicas de um rotor. a) e c) freios aerodinâmicos na ponta da pá e b) *spoiler*.

Fonte: Manwell et al. (2004) e Hau (2005).

Além dos aspectos relativos ao projeto das pás, sua qualidade e seu peso são essencialmente determinados pelo projeto conceitual da conexão destas ao cubo do rotor. O projeto da conexão da pá ao cubo consiste em uma tarefa mais complexa. Por um lado, a transferência de forças da estrutura feita de compostos de fibra para a estrutura feita de materiais metálicos em princípio é difícil, tendo em vista a grande diferença entre as propriedades dos materiais envolvidos. Um problema adicional é que as forças do rotor estão concentradas ao redor das áreas próximas da raiz da pá e cubo da turbina e, ao mesmo tempo, o rotor está sujeito a cargas dinâmicas extremamente elevadas. Existem vários conceitos de projeto de conexão da pá ao cubo. Hau (2005) apresenta os conceitos utilizados nas turbinas mais modernas.

Finalmente, outros dois aspectos importantes a serem considerados na montagem das pás referem-se à inclusão de um para-raio para proteger as pás e a turbina como um todo contra descargas atmosféricas, bem como a inclusão de um sistema de aquecimento para derretimento do gelo depositado nas pás das turbinas quando são utilizadas em países de inverno rigoroso. No caso das descargas atmosféricas, estas são inevitáveis em turbinas de grande dimensão. As descargas atingem a área próxima da ponta da pá, causando danos a ela.

Cubo

O cubo de uma turbina eólica consiste no componente da turbina responsável pelo acoplamento das pás ao eixo principal de rotação da máquina. Em turbinas que possuem controle de passo das pás, o cubo inclui o mecanismo responsável por esse controle. Em turbinas de duas pás, o cubo possui um mecanismo responsável pela inclinação ou desequilíbrio entre as pás com relação ao eixo horizontal da turbina para compensar ou contrabalançar cargas impostas em condições desfavoráveis (Hau, 2005).

O cubo da turbina eólica é o componente que está mais sujeito ao estresse. Assim, o material usado na sua fabricação deve ser cuidadosamente escolhido de tal forma que a turbina não tenha sua vida útil reduzida por problemas de fadiga nesse componente. Normalmente, o cubo é feito de aço fundido ou forjado. Há três tipos básicos de projeto do cubo que têm sido aplicados nas turbinas de eixo horizontal:

- *Cubo rígido.* Projetado para manter as pás em uma posição fixa relativa ao eixo principal (horizontal). Nenhum outro movimento é permitido, a não ser o movimento de alteração do passo, no caso de turbinas com controle de passo.
- *Cubo com mecanismo para inclinação das pás.* Na grande maioria, é usada em turbinas de eixo horizontal de duas pás com o objetivo de reduzir as cargas devido ao desequilíbrio aerodinâmico ou devido aos efeitos dinâmicos de rotação da turbina ou provocados pelo movimento de rotação da nacele (mecanismo de yaw). O mecanismo permite uma alteração no ângulo formado entre o eixo longitudinal das pás (que estão alinhadas) e o eixo principal.
- *Cubo com mecanismo de desequilíbrio de posição entre as pás.* Permite a alteração do ângulo formado entre os eixos das pás e entre estes e o eixo principal.

A Figura 4.11 ilustra os tipos de cubos mencionados.

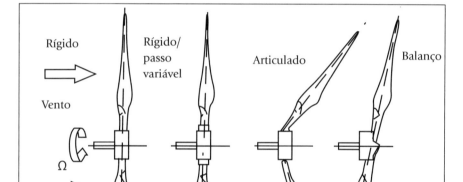

Figura 4.11: Opções de cubo de turbinas eólicas.
Fonte: Manwell et al. (2004).

Mecanismo de controle de passo

As turbinas eólicas modernas e, principalmente, as de elevada potência possuem mecanismo para controle do ângulo de passo das pás. O ajuste do ângulo de passo das pás é feito com o objetivo de controlar a potência e a velocidade da turbina eólica. Um ângulo de passo de 20 a 25 graus é suficiente para esse propósito. Além disso, o controle do ângulo de passo é feito também com o objetivo de frear o rotor aerodinamicamente, o que aumenta o intervalo de alteração do passo para 90 graus.

O mecanismo de controle de passo é composto por vários componentes: rolamentos, acionamentos hidráulicos ou elétricos (motores), atuadores hidráulicos ou mecânicos, sistema de controle de passo emergencial (para frenagem da turbina) e alimentação elétrica para controle elétrico do ângulo de passo. Todos esses mecanismos em conjunto permitem movimentar as pás em torno dos seus eixos longitudinais.

A Figura 4.12 ilustra um sistema de controle de passo na turbina da Windmaster HMZ 3000 (Harrison et al., 2000).

O uso de controle de passo para limitação de potência impõe requisitos específicos no projeto do cubo. Se toda a pá na sua dimensão for girada em torno do seu eixo longitudinal, rolamentos devem ser usados na raiz da pá, a qual está sujeita a uma carga altamente pesada. Energia suficiente deve ser fornecida e esta não deve ser retirada da parte rotacional da estrutura. A solução mais usualmente utilizada é baseada em atuadores hidráulicos. Uma solução diferente usada em turbinas de outros fabricantes é a baseada no uso de servomotores elétricos colocados na raiz das pás, permitindo a estas movimentos independentes. Nesse caso, a energia elétrica usada para fazer funcionar o mecanismo deve passar para o sistema em rotação, utilizando anéis deslizantes. Esse mecanismo independente abre a possibilidade do controle cíclico do ângulo de passo das pás com a função de aliviar o efeito da variação do perfil do vento com a altura nas cargas impostas às pás.

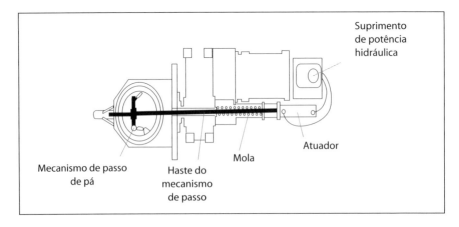

Figura 4.12: Mecanismo de controle de passo de turbinas eólicas.

Fonte: Harrison et al. (2000).

Sistema de transmissão mecânico

O sistema de transmissão mecânico do aerogerador é composto por todos os componentes de rotação da máquina que se situam dentro da nacele. São eles: eixo principal, caixa de engrenagem, acoplamentos, freios e gerador elétrico. A Figura 4.13 mostra um sistema de transmissão mecânico típico.

Sistema de segurança: freios

Adicionalmente ao uso do controle de passo das pás para frenagem do rotor, é indispensável o uso de freios mecânicos para aumentar o nível de segurança da máquina. O freio mecânico é um dos componentes que formam o sistema de transmissão mecânico. A primeira função do freio é manter o rotor na posição parada para serviços de manutenção e reparo das peças, por exemplo, ou quando se deseja deixar a turbina fora de operação por um período determinado.

O freio mecânico também tem uma segunda função, que é a de auxiliar o freio aerodinâmico, principalmente em turbinas eólicas de menor capacidade de potência quando o sistema entra em sobrevelocidade. Com o aumento da potência das turbinas eólicas torna-se mais difícil usar o freio mecânico com essa função, pois o freio alcança dimensões absurdas. Assim, em turbinas de grande porte seu uso fica restrito à primeira função.

Há dois tipos de freios mecânicos utilizados em turbinas eólicas: freio a disco e de embreagem. O freio a disco opera de forma semelhante ao usado em veículos automotivos. Um disco de aço é rigidamente afixado no eixo do rotor. Durante a frenagem, as pinças atuadas hidraulicamente empurram as pastilhas do freio contra o disco. A força resultante cria um torque que se opõe ao movimento do disco, produzindo uma desaceleração do rotor. A Figura 4.13 mostra um sistema de freio a disco.

O freio do tipo embreagem são sistemas que funcionam a partir da pressão de uma mola e o alívio de pressão é feito por meio do uso de um mecanismo mecânico ou eletromecânico ativo.

O freio mecânico pode ser alojado tanto no eixo de baixa quanto de alta rotação (do lado do gerador elétrico). É importante notar que, caso o freio seja colocado no eixo de baixa rotação, este deve ter a capacidade de exercer um torque bem maior que o exercido caso fosse colocado no eixo de alta rotação. Todavia, ao colocar o freio no eixo de alta rotação, caso haja uma falha da caixa de engrenagem, este pode não ser capaz de frear a turbina.

Figura 4.13: Sistema de freios a disco.
Fonte: Manwell et al. (2004).

Caixa de multiplicação de velocidade

É o mecanismo que transmite a energia mecânica do eixo do rotor (eixo principal) ao eixo do gerador elétrico. Os rotores eólicos operam com velocidades tangenciais de ponta de pá da ordem de 60 a 100 m/s, quase independentemente do tamanho do diâmetro. Assim, em virtude de questões mecânicas (vibração e empuxo) e ruído aerodinâmico, a velocidade de rotação do rotor da turbina eólica usualmente é limitada a valores entre 15 a 200 rpm. Para conectar o eixo do rotor ao eixo do gerador elétrico, alguma forma de multiplicação de velocidade é necessária, pois os geradores elétricos comerciais possuem rotações típicas de 1.800 rpm (4 polos – 60 Hz) ou 1.500 rpm (4 polos – 50 Hz).

O mecanismo de transmissão mais amplamente utilizado para realizar a multiplicação de velocidade é caixa de engrenagem, que possui uma relação de multiplicação que difere em função do tipo utilizado.

Projetistas têm se empenhado cada vez mais em desenvolver rotores eólicos com velocidades tão elevadas quanto possível, com o objetivo de usar caixas de engrenagens com menor relação de multiplicação de velocidade. O fato de o custo da caixa de engrenagem aumentar de forma considerável com o número de engrenagens usadas e tendo em vista que esse componente é o que mais apresenta falhas entre os demais componentes de uma turbina, inúmeras pesquisas foram realizadas recentemente e resultaram em projetos de rotores eólicos com maiores velocidades e caixas de engrenagens mais eficientes, resistentes às cargas mecânicas, com dimensões adequadas e com fatores de multiplicação de velocidades inferiores. No entanto, projetos mais recentes de turbinas eólicas de maior potência têm sido desenvolvidos sem a caixa de engrenagem. Nestas, o eixo do rotor eólico é acoplado diretamente ao eixo de um gerador elétrico com um número maior de polos, o qual, portanto, funciona com velocidade mais próxima da velocidade do eixo do rotor.

Existem dois tipos de caixa de engrenagens:

1) **Eixos paralelos**. Consiste em engrenagens colocadas em eixos paralelos suportados por rolamentos montados em uma caixa. Uma caixa de engrenagem de um estágio possui dois eixos paralelos, um de baixa rotação, conectado ao rotor, e outro de alta rotação, conectado ao gerador elétrico. As dimensões das engrenagens do eixo de baixa rotação são maiores que as do eixo de alta rotação. A Figura 4.14 mostra uma caixa de engrenagem de um estágio. Nesse tipo, os estágios são construídos com uma relação de velocidades de até 1:5.

2) **Eixo planetário**. Nesse tipo, os eixos de entrada e saída são coaxiais. O eixo de baixa velocidade é rigidamente conectado ao *Planet carrier*, que se acopla a outras três engrenagens conhecidas como planetas (em função do formato e disposição). Essas engrenagens (planetas) giram livremente, mexendo com uma engrenagem interna de maior diâmetro e outra de menor diâmetro acoplado ao eixo de alta velocidade. A Figura 4.15 mostra uma caixa de engrenagem do tipo planetário. Os estágios são construídos com uma relação de velocidades de até 1:12. As turbinas eólicas normalmente requerem mais de um estágio. Uma caixa de engrenagem do tipo planetário com três estágios possui apenas uma fração da massa total de um comparável sistema de eixos paralelos.

A eficiência depende essencialmente da relação de velocidades, do tipo de engrenagens e da viscosidade do óleo lubrificante. Os seguintes valores podem ser aplicados à eficiência:

- *Eixos paralelos*: aproximadamente 2% de perda de potência por estágio.
- *Eixo planetário*: aproximadamente 1% de perda de potência por estágio.

O ruído de uma caixa de engrenagens depende de sua qualidade e, naturalmente, do seu tamanho. Fabricantes de caixas de engrenagens normalmente indicam o nível de pressão de ruído, medido a 1 m de distância sob condições de testes de acordo com a norma DIN. Os seguintes valores aproximados devem ser esperados:

- Eixos paralelos para potência até 100 kW: 75-80 dB (A).
- Eixos paralelos para potências até 1.000 kW: 80-85 dB (A).
- Planetários de elevada dimensão para potência até 3.000 kW: 100-105 dB (A).

Apesar de as caixas de engrenagens serem fabricadas com níveis de ruído de acordo com as normas, o ruído emitido por elas é substancialmente absorvido pela nacele.

Figura 4.14: Caixa de engrenagem do tipo eixo paralelo para turbinas eólicas da classe de 200 a 500 kW.

Fonte: Manwell et al. (2004).

Eixo principal

O eixo principal é assim denominado por ser o principal elemento de rotação, cuja função é transferir o torque desenvolvido no rotor para o restante dos componentes do sistema de transmissão mecânico. Todas as cargas do rotor (torque, empuxo, peso do rotor, cargas aerodinâmicas, momentos provocados pelo movimento de orientação e inclinação das pás) passam para o restante dos componentes da turbina através do rotor. As cargas são

Figura 4.15: Caixa de engrenagem do tipo planetário com três estágios da classe de 2 a 3 MW de potência.

Fonte: http://www.mobiusilearn.com/uploaded.Images/article/clip_image005(8).png.

transferidas à estrutura (base), que suporta o restante dos componentes da turbina por meio de rolamentos. O eixo principal normalmente é feito de aço. A caixa de engrenagem é montada no eixo principal. A conexão do eixo principal aos demais componentes do sistema de transmissão mecânico pode ser feita de várias maneiras. A Figura 4.16 mostra algumas configurações de montagem do eixo principal no sistema de transmissão mecânico.

Gerador elétrico

É o componente que tem a função de converter a energia mecânica do eixo do rotor em energia elétrica. Os seguintes tipos de geradores elétricos são usados em turbinas eólicas:

- Gerador de corrente contínua (CC).
- Gerador de imã permanente.
- Gerador síncrono.
- Gerador de indução.

Gerador CC

O gerador CC até a década de 1980 foi extensivamente utilizado em razão da extrema facilidade de controlar sua velocidade. Atualmente, continua a ser utilizado, porém, em menor escala e limitado a turbinas de baixa potência, particularmente naquelas em que a energia elétrica pode ser localmente utilizada na forma CC.

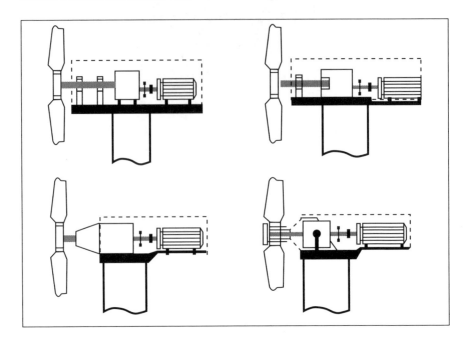

Figura 4.16: Configurações do sistema de transmissão mecânico.
Fonte: Harrison et al. (2000).

O gerador CC convencional é autoexcitado por meio do uso de enrolamentos *shunt* ou série que fornecem tensão CC para produzir o campo magnético. Nesse tipo de gerador o campo se localiza no estator e a armadura no rotor. O comutador no rotor retifica a potência CA gerada para CC. A corrente de campo e o campo magnético aumentam com a velocidade de operação. A tensão da armadura e o torque elétrico também aumentam com a velocidade. A velocidade real da turbina é determinada pelo balanço entre o torque do rotor e o torque elétrico. Com relação aos demais tipos de geradores utilizados em turbinas eólicas, o gerador CC possui a desvantagem do seu alto custo e necessidades maiores de manutenção.

A Figura 4.17 ilustra uma aplicação da turbina eólica usando gerador CC.

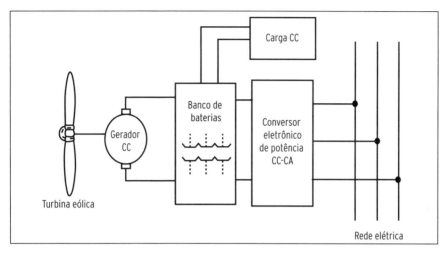

Figura 4.17: Turbina eólica com gerador CC alimentando um banco de baterias e cargas CC, e acoplado à rede elétrica via conversor CC-CA.

Fonte: Moraes (2004).

Gerador de ímã permanente

Um gerador elétrico que vem sendo muito utilizado em turbinas eólicas tanto de pequeno quanto de grande porte recentemente é o de ímãs permanentes. Este fornece o campo magnético, não precisando então do emprego de enrolamentos de campo, os quais necessitam de alimentação CC externa. Os ímãs são integrados diretamente em um rotor cilíndrico de alumínio fundido. A potência é retirada da armadura estacionária sem a necessidade de uso de comutador, anéis deslizantes ou escovas.

O princípio de operação dos geradores de ímã permanente é semelhante ao geradores síncronos, exceto os que operam de forma assíncrona. Portanto, não são ligados diretamente à rede elétrica. A potência nesse tipo de gerador é produzida com frequência e tensão variáveis. Assim, a tensão CA é imediatamente retificada para CC. A geração em tensão CC pode ser usada para carregar baterias ou alimentar cargas CC, ou pode ser transformada novamente em tensão CA na frequência constante de 60 Hz por meio do uso de um inversor e alimentar cargas AC. A Figura 4.18 ilustra um gerador síncrono com rotor de ímãs permanentes.

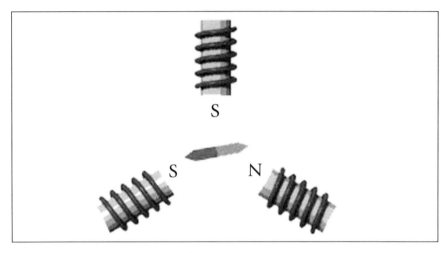

Figura 4.18: Gerador síncrono com ímã permanente no rotor.
Fonte: Danish Wind Industry Association (2010).

Gerador síncrono

O gerador síncrono, em turbinas de maior potência é bastante utilizado, embora em projetos mais recentes de turbinas eólicas se tenha dado preferência a geradores assíncronos (indução). Funciona com velocidade constante associada à frequência constante. Assim, com tal característica, não é o mais adequado para trabalhar com operação em velocidade variável, adequada a turbinas eólicas, em função do comportamento dos ventos. Requer corrente CC para excitação de campo e, consequentemente, escovas de carbono e anéis deslizantes no rotor. Contudo, essa exigência pode ser eliminada usando rotor de relutância, porém, limitado a aplicações de baixa potência. Quando conectado à rede de energia da concessionária, apresenta a vantagem de não requerer suprimento de potência reativa desta. A excitação de corrente CC no rotor é feita via anéis deslizantes. Uma tensão alternada é gerada nos enrolamentos do estator. A corrente que flui nestes enrolamentos tem uma frequência f que gera o campo girante de armadura. O enrolamento do rotor, por meio do qual flui a corrente CC direta, gera um campo de excitação, o qual gira na velocidade síncrona. A velocidade síncrona é determinada pela frequência de rotação do campo girante e pelo número de polos do rotor. A velocidade n síncrona do rotor de um gerador síncrono é:

$$n = \frac{60f}{P} \tag{4.1}$$

Em que:

f = frequência do campo girante (frequência da rede) em Hz;
p = número de par de polos;
n = velocidade do rotor (rotacional) em rpm.

Geradores síncronos são construídos com rotores cilíndricos ou com polos salientes. A direção da rotação e a velocidade do rotor estão sempre sincronizados com a rotação do campo girante.

A Figura 4.19 mostra uma construção típica de um gerador síncrono com rotor bobinado.

Figura 4.19: Construção típica de um gerador síncrono com rotor bobinado.
Fonte: Danish Wind Industry Association (2010).

Campo de aplicação do gerador síncrono:

- Turbinas de grande porte com rotor bobinado ou ímã permanente conectadas às redes elétricas.

- Conjunção com conversores eletrônicos em turbinas de velocidade variável.
- Aplicações isoladas – usando ímã permanente com aplicação CC e AC (com uso de inversores).
- Controle de tensão e fonte de potência reativa – redes isoladas.

Vantagens:

- Melhor rendimento.
- Não necessita de fonte externa de reativos.

Desvantagens:

- Necessita de equipamentos adicionais (reguladores de tensão e velocidade) para manter o sincronismo com a rede.
- Maior custo (com relação ao geradores de indução).

A maioria dos geradores elétricos possuem 4 ou 6 polos, ou seja, trabalham com velocidades altas (1.200–1.800 rpm). A razão está na menor dimensão e peso e no menor custo.

Na Califórnia, por exemplo, existem geradores eólicos síncronos conectados a redes de baixa tensão. Nos últimos anos, com o aumento da potência das máquinas e conexão a redes de alta tensão, tem-se dado preferência ao uso de geradores assíncronos ou de indução, como são conhecidos.

Gerador de indução (assíncrono)

A máquina de indução, particularmente o motor de indução, é a mais utilizada mundialmente em virtude de sua construção robusta, facilidade de manutenção e baixo custo. Com relação aos demais tipos de geradores, tem a vantagem de não necessitar de excitação CC de campo, pois seu funcionamento é baseado em indução eletromagnética. Necessita ser excitado com corrente CA. O gerador pode ser autoexcitado ou receber excitação externa. Pelas suas inúmeras vantagens, o gerador de indução encontra hoje aplicações tanto em turbinas eólicas de grande como de pequeno porte (Simões e Farret, 2008).

A estrutura eletromagnética de um gerador de indução é formada por duas partes: o estator, parte fixa, na qual espacialmente são alojadas as bobinas em grupos de três, alimentadas com correntes trifásicas senoidais, e a parte móvel, denominada rotor, que se move no interior do estator, e que pode também possuir bobinas alojadas ao longo de sua estrutura, ou pode ser constituído por barras de cobre ou alumínio curto-circuitadas em suas extremidades. Essa combinação produz um campo magnético girante no interior do estator, cujo vetor indução magnética tem módulo constante e se desloca com velocidade angular determinada pela maneira como estão distribuídas e ligadas às bobinas no estator, bem como pela frequência da corrente que circula nos seus enrolamentos.

A Figura 4.20 apresenta o desenho de um motor de indução tipo gaiola de esquilo (rotor feito de barras de cobre ou alumínio curto-circuitadas nas extremidades). O espaçamento entre o estator e o rotor denominado entreferro é pequeno o suficiente para que o rotor possa girar livremente. A necessidade de ambos, estator e rotor, serem constituídos de núcleos ferromagnéticos se prende ao fato de assim ser possível obter fluxo de indução a partir de correntes relativamente pequenas.

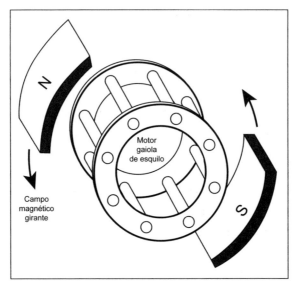

Figura 4.20: Máquina de indução com rotor tipo gaiola de esquilo.

Fonte: Patel (2006).

A velocidade do campo girante é denominada velocidade síncrona e é expressa pela Equação 4.1.

Denomina-se escorregamento s a diferença entre a velocidade do rotor r e a velocidade síncrona n do campo girante no interior do estator, sendo expressa pela seguinte equação:

$$s = \frac{n-r}{n} \tag{4.2}$$

O escorregamento típico de máquinas de indução é de aproximadamente 3%.

Característica do torque-velocidade para gerador de indução

Quando a máquina de indução é acoplada a uma turbina eólica e o seu rotor é acionado a uma velocidade maior que a velocidade síncrona tem-se uma reversão na corrente induzida e no torque. A máquina de indução nessas condições trabalha como gerador, convertendo a potência mecânica do eixo da turbina em energia elétrica, que é entregue à carga ou à rede elétrica pelos terminais do estator do gerador. Nessas condições, diz-se que a máquina está trabalhando na velocidade de operação supersíncrona.

Ao variar o escorregamento sob uma ampla faixa, obtém-se a curva característica torque – escorregamento mostrado na Figura 4.21. Na região do escorregamento negativo a máquina trabalha como gerador, fornecendo energia à carga conectada aos seus terminais. Na região do escorregamento positivo trabalha como motor, fornecendo energia mecânica à carga acoplada ao seu eixo. Adicionalmente à região de trabalho como motor e gerador, a máquina de indução tem ainda um terceiro modo de operação denominado frenagem. Se a máquina é operada com S > 1, girando-a no sentido contrário, ela absorve potência mecânica sem disponibilizar potência elétrica. Isso é, a máquina trabalha como um freio. A potência, nesse caso, é convertida em perdas $I^2 \times R$ nos enrolamentos do rotor, que devem ser dissipadas como calor. As correntes de reversão de Eddy trabalham nesse princípio. Assim, no caso de emergências, o gerador conectado à rede pode ser usado como freio, revertendo a sequência trifásica da voltagem nos terminais do estator. Isso inverte a direção de rotação do campo magnético em relação ao estator. O estresse de torção nas pás e no cubo da turbina pode, todavia, limitar o torque de frenagem.

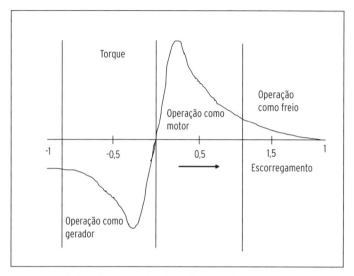

Figura 4.21: Característica de operação da máquina de indução nos três modos de operação.

Fonte: Patel (2006).

Outro tipo de motor/gerador de indução é o que possui bobinas alojadas no rotor e se denomina "rotor bobinado", permitindo acesso às mesmas via escovas que deslizam em anéis conectados às extremidades das bobinas. Tendo acesso às bobinas, é possível controlar sua velocidade/escorregamento e outros parâmetros característicos da máquina.

O gerador de indução tem como vantagens o menor custo e, por permitir a variação de velocidade (pequeno escorregamento), é mais apropriado para trabalhar com turbinas eólicas. Como desvantagem, existe a necessidade de uma fonte externa de reativos.

Considerações-chave do ponto de vista do projetista para especificar um gerador elétrico:

- Velocidade de operação.
- Eficiência em carga plena e parcial.

- Fator de potência e fonte de potência reativa.
- Regulação de voltagem (máquinas síncronas).
- Método de partida.
- Corrente de partida (motores de indução).
- Sincronização (máquinas síncronas).
- Tamanho e peso.
- Tipo de isolamento.
- Proteção contra ambientes externos.
- Habilidade para acomodar flutuações de torque.
- Remoção de calor.
- Praticidade para uso de múltiplos geradores.

Os geradores elétricos usados em turbinas eólicas fornecem energia em tensões entre 380 V e 690 V trifásica. Devido ao seu aquecimento, necessitam de sistema de refrigeração que pode ser ar (ventiladores) ou água (necessita de radiador).

A Figura 4.22 apresenta um tipo de acoplamento (flexível) entre a caixa de engrenagem e o gerador elétrico em uma turbina GE TW 1.55. A instalação de um gerador elétrico na nacele constitui-se em um problema da engenharia mecânica na área de projeto do sistema de transmissão mecânico. Hau (2005) apresenta maiores detalhes da problemática de acoplamento da caixa de engrenagem ao gerador elétrico.

Controle de orientação do rotor (*Yaw control*)

O mecanismo de controle de orientação do rotor tem a função de, automaticamente, orientar o rotor e a nacele na direção que o vento sopra, de tal forma que a área formada pelo giro das pás fique perpendicular à direção do vento. Dessa maneira, tem-se o aproveitamento máximo da energia do vento. Alguns de seus componentes estão integrados à nacele e outros ao topo da torre. O sistema completo consiste basicamente nos seguintes componentes: engrenagens, motor elétrico, rolamento azimutal, freio, sistema de travamento e sistema de controle. O movimento de orientação deve ser o mais suave possível para evitar forças giroscópicas de grande intensidade. Turbinas que trabalham sem esse mecanismo estão sujeitas a maiores cargas de fadiga. Há dois tipos de sistemas de orientação: ativo e livre. As turbinas montadas a barlavento usam sistema ativo e as turbinas com sistema de orientação livre são montadas a sota-vento. Pequenas turbinas eólicas utilizam-se de lemes para alinhar o rotor na direção dos ventos. A Figura 4.23 ilustra o mecanismo típico de controle de orientação do rotor usado em aerogeradores de médio e grande porte. Esse mecanismo é controlado usando um sinal de erro como entrada. Esse sinal é monitorado por um sensor de direção montado na turbina.

Figura 4.22: Acoplamento flexível entre a caixa de engrenagem e o gerador elétrico em uma turbina GE TW 1.55.

Fonte: Hau (2005).

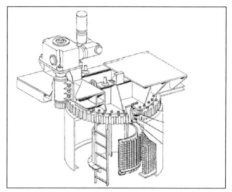

Figura 4.23: Mecanismo típico de alinhamento do rotor e nacele.
Fonte: Danish Wind Industry Association (2010).

Sistema de controle

Nos itens anteriores foram apresentados os componentes principais de uma turbina eólica. Para que esses diversos componentes ou subsistemas funcionem de forma adequada, ou seja, convertam a energia eólica em energia elétrica com segurança, confiabilidade e eficiência, e, consequentemente, com menor custo de geração, é necessário o uso de um sistema de controle que faça com que todos os subsistemas operem de forma conjunta, atendendo aos objetivos requeridos.

Os sistemas de controle de uma turbina eólica de forma funcional são divididos em três partes:

- Um controlador cuja função é efetuar o controle das várias turbinas de uma central eólica. Frequentemente chamado de sistema supervisório e de aquisição de dados (Scada), pode iniciar ou interromper a operação, bem como coordenar a operação das várias turbinas.
- Um controle supervisório para cada turbina individual. Esse sistema tem a função de reagir a mudanças nas condições ambientais e operativas no médio e no longo prazo. Tipicamente o controle supervisório controla o chaveamento entre os diversos estados de operação da turbina (por exemplo, produção de potência, desligamento em ventos de baixa intensidade), monitora as condições de

vento e de falta, tais como presença de cargas mecânicas elevadas e condições limite de operação (por exemplo, limite de velocidade e potência), realiza a partida e a parada da máquina em uma ordem sequencial e fornece os valores dos parâmetros de controle nas entradas dos controladores dinâmicos, como a velocidade específica de ponta de pá ou rotação da máquina (rpm).

- Controles dinâmicos separados para os vários componentes ou subsistemas de cada turbina. Têm a função de, continuamente, em alta velocidade, ajustar os atuadores e os componentes da turbina à medida que eles reagem a mudanças rápidas nas condições de operação. Tipicamente, um controlador dinâmico irá gerenciar um subsistema específico da turbina, deixando o controle de outros subsistemas a outros controladores dinâmicos, e a coordenação dos vários controladores dinâmicos e outras operações ao sistema supervisório. O sistema de controle dinâmico é usado, por exemplo, para ajustar o ângulo de passo das pás, reduzindo o torque, controlar o fluxo de potência no conversor eletrônico ou controlar a posição de um atuador.

O controle mecânico e elétrico dos processos requer cinco componentes funcionais principais:

- Um processo: descrito ou definido por um ou vários pontos de operação e que permitem que o processo seja modificado.
- Sensores ou indicadores: comunicam o estado do processo ao sistema de controle.
- Controlador: consiste de *software* lógico ou *hardware* que determina quais ações de controle devem ser tomadas. Os controladores podem consistir em computadores, circuitos elétricos ou sistema mecânicos.
- Amplificadores de potência: fornecer potência a uma ação de controle. Tipicamente, amplificadores de potência são controlados por um sinal de baixa potência, que é usado para controlar a potência de uma fonte externa de alta potência.
- Atuadores: componentes usados para intervir no processo e mudar a operação do sistema.

A Figura 4.24 apresenta um diagrama que mostra como os componentes do sistema de controle devem agir sequencialmente.

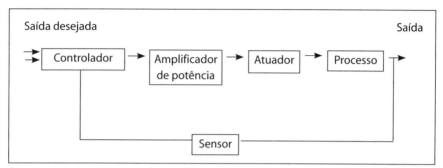

Figura 4.24: Componentes de um sistema de controle.
Fonte: Manwell et al. (2004).

Tipos de sensores utilizados

O estado de operação das turbinas é definido por parâmetros ou variáveis que devem ser medidos e informados ao sistema de controle. Em uma central eólica moderna existem inúmeras variáveis que são monitoradas, várias delas sendo controladas para que a máquina gere energia de forma segura, confiável e com a eficiência requerida. Entre as várias grandezas monitoradas pode-se citar:

- Velocidades: rotor, vento, taxa de orientação, direção de rotação.
- Temperaturas: óleo da caixa de engrenagem, óleo hidráulico, rolamento do gerador, rolamento da caixa de engrenagem, bobina do gerador, ar ambiente, temperatura dos componentes eletrônicos etc.
- Posição: ângulo de passo, ângulo de inclinação das pás, posição do *aileron*, posição de orientação do rotor, direção do vento etc.
- Características elétricas: potência ativa e reativa, corrente, tensão, fator de potência, frequência da rede, faltas a terra, operação do conversor.
- Parâmetros do fluido: pressão hidráulica ou pneumática, nível de óleo, fluxo do óleo hidráulico etc.

Tipos de controladores utilizados

Conforme mostrado na Figura 4.24, os controladores fazem a conexão entre o sinal de saída (variável medida) e a ação que mudará o estado de operação da turbina. Em um aerogerador os controladores típicos utilizados são:

- *Mecanismos mecânicos*: leme, molas, acoplamentos, usados para controle do ângulo de passo da pá, posição da nacele, velocidade do rotor.
- *Circuitos elétricos*: parâmetros medidos podem energizar circuitos elétricos que atuam em bobinas de reles ou chaves. Circuitos elétricos podem ser projetados para incluir uma resposta dinâmica ao sinal de entrada com o objetivo de moldar a operação dinâmica do sistema.
- *Computadores*: são utilizados frequentemente como controladores. Podem ser configurados para implementar as estratégias de controle por meio da programação de funções que interpretam e executam sinais (analógicos e digitais) provendo respostas dinâmicas.

Tipos de amplificadores utilizados

Quando o sinal produzido na saída do controlador não possui potência suficiente para ativar um atuador, torna-se necessário agregar ao sistema um amplificador de potência. Como amplificadores normalmente são utilizados:

- *Chaves*. Existe uma variedade de chaves que, embora possam ser controladas com uma corrente elétrica de baixa intensidade ou uma força pequena, têm a capacidade de interromper forças de elevada magnitude e correntes altas, agindo, portanto, como amplificadores.
- *Amplificadores elétricos*. Circuitos elétricos que diretamente amplificam a tensão ou corrente de controle a um nível capaz de atuar um atuador.
- *Bombas hidráulicas*. Exercem uma pressão elevada em um fluido, a qual pode ser controlada com válvulas que requerem baixa pressão.

Tipos de atuadores utilizados

Os atuadores usualmente utilizados em turbinas eólicas incluem:

- *Equipamentos eletromecânicos*. Motores elétricos CC, motores de passo, motores elétricos CA controlados por conversores eletrônicos e atuadores lineares, entre outros.
- *Pistões hidráulicos*. Usados frequentemente em sistemas de posicionamento que exigem alta velocidade e potência.
- *Ventiladores e resistências elétricas*. Usados no controle de temperatura.

Nacele

Os componentes de um aerogerador são afixados e alojados em um compartimento conhecido como nacele. Turbinas eólicas de pequeno porte não possuem nacele e esta pode se tornar redundante em projetos em que há uma completa integração entre os componentes do sistema de transmissão mecânico.

O projeto de uma nacele está condicionado à configuração e montagem do rotor. O custo também constitui-se em um fator preponderante. A nacele possui um chassi ou uma base estrutural feita de aço fundido ou soldado na qual são apoiados ao sistema de transmissão mecânico com os seus diversos componentes e esta base transfere todas as cargas do rotor para a torre. Em algumas turbinas, o chassi constitui-se parte separada da nacele estando acoplado à caixa de engrenagem.

A cobertura da nacele é feita normalmente de material leve, usualmente fibra de vidro. Ela tem função de proteger os componentes da turbina da exposição a chuva, sol, granizo e poeira etc. Com relação a sua dimensão, esta deve ser suficiente para que os equipamentos sejam alojados com segurança, bem como o pessoal de manutenção possa trabalhar com segurança no reparo dos componentes. Também há de se levar em consideração que o seu tamanho reduzido, reduz o peso no topo da torre e, consequentemente, os custos desta, que como discutido no Capítulo 7, não são nada desprezíveis.

As modernas turbinas têm sido fabricadas com naceles de tamanho reduzido e esteticamente diferentes das antigas, com formatos que diferem da tradicional caixa quadrada. Não há uma preocupação com o formato da nacele (p. ex., aerodinâmica), tendo em vista que ela se posiciona atrás do rotor, onde os ventos são turbulentos. A preocupação que se tem é com o posicionamento adequado do anemômetro. A Figura 4.25 mostra três tipos de projetos de naceles.

Suporte estrutural - torre

As torres têm a função de suportar o rotor e a nacele a uma determinada altura do solo. A altura da torre deve ser no mínimo igual ao diâmetro das pás. O Capítulo 2 apresenta algumas considerações com relação ao perfil vertical do vento. Quanto maior a altura, maior a velocidade do vento e, consequentemente, maior a produção de energia. No entanto, o custo adicional de 1 m de torre não é desprezível e uma análise da relação custo-benefício deve ser realizada para verificar se é economicamente viável instalar a turbina em uma altura maior. Turbinas de pequeno porte normalmente são instaladas em alturas bem superiores ao diâmetro de suas pás. Não é aconselhável instalar as turbinas eólicas em alturas inferiores a 20 m, pois a velocidade do vento é baixa e o vento próximo ao solo é bastante turbulento.

Figura 4.25: Tipos de naceles.
Fonte: http://www.designboom.com/portrait/foster/d5.jpg.

Há três tipos de torres que são utilizadas nas turbinas de eixo horizontal:

- Tubulares.
- Treliçadas.
- Treliçadas ou tubulares estaiadas.

Até a década de 1980 eram usadas as torres treliçadas. A partir dessa data, passou-se a utilizar as torres tubulares que possuem inúmeras vantagens com relação às treliçadas, nas quais se destacam: a não necessidade de ficar checando e ajustando periodicamente os parafusos das conexões, elas proporcionam uma área de proteção para a subida do pessoal de manutenção até a nacele, de modo visual são consideradas esteticamente mais agradáveis e, ao contrário das torres treliçadas, não possibilitam que os pássaros as usem para fazer ninhos.

As torres eólicas são usualmente feitas de aço, algumas reforçadas com concreto. Quando o material usado é o aço, este é galvanizado e pintado para evitar corrosão. As torres das turbinas de grande porte possuem largura tal que possibilita o alojamento de uma escada, necessária para subida até a nacele e também de equipamentos periféricos que são alojados em sua base, tal como transformadores e outros equipamentos elétricos necessários para conectar o aerogerador a outros aerogeradores e à rede elétrica. No topo da torre é colocado o chassi ou a base estrutural da nacele. A parte estacionária do mecanismo (rolamentos) de orientação da nacele (Yaw) é afixada no topo da torre. Alguns fabricantes pintam suas torres de concreto, a partir da base, com um gradiente de tons verdes para camuflagem da base da torre com a vegetação envolvente.

Deve-se ter um cuidado especial no projeto da torre para evitar que flutuações do vento provoquem vibração nela. Elas são projetadas para suportar, além do peso das partes principais da turbina, diversos tipos de cargas estáticas e dinâmicas ocasionadas em função do impacto do vento nos vários componentes, torques e vibrações resultantes das diversas condições de operação da turbina. Em função de suas alturas elevadas, as torres recebem no topo luzes para sinalização aérea. Detalhes sobre içamento e instalação das torres são encontrados no Capítulo 6 deste livro. A Figura 4.26 mostra alguns tipos de torres.

a) treliçada   b) tubular   c) tubular estaiada

Figura 4.26: Tipos de torres.

Fontes: http://windestower.com/br.

EXERCÍCIOS

1. Levando em conta as variáveis técnicas, econômicas e ambientais, faça um comparativo entre os aerogeradores de eixo horizontal tipo hélice e eixo vertical, considerando a sua utilização em áreas remotas, urbanas e aplicações *offshore*.
2. Cite e explique os aspectos que devem ser considerados na escolha e definição da velocidade específica de ponta de pá de um rotor eólico e no que esta escolha impacta.
3. Apresente um comparativo entre turbinas de uma, duas e três pás ponderando suas diferenças no que tange aos aspectos mecânicos, elétricos, estruturais e econômicos.
4. Em turbinas eólicas são utilizados os vários tipos de geradores elétricos, cada um apresentando vantagens, desvantagens e limitações. Considerando a aplicação das turbinas eólicas para alimentação de cargas isoladas, redes isoladas e redes que compõem um sistema elétrico interligado de grande porte, compare os vários tipos de geradores para estas aplicações.
5. No projeto da pá vários parâmetros são levados em conta visando atingir alguns objetivos essenciais para o perfeito funcionamento de um aerogerador. Faça uma descrição dos aspectos e parâmetros envolvidos, destacando a importância de cada um.

5 | Aerogeradores: controle e integração na rede elétrica

INTRODUÇÃO

Com o aumento da potência unitária dos aerogeradores e a construção de parques eólicos conectados às redes elétricas e com capacidades de potência mais próximas da potência das centrais geradoras convencionais, o sistema de controle dos aerogeradores passou a ser de fundamental importância. O sistema de controle permite usar de forma mais eficiente a potência gerada pela turbina nas diferentes condições de vento, bem como aliviar as cargas aerodinâmicas e mecânicas que reduzem a vida útil dos equipamentos. Como a potência das centrais eólicas cada vez mais tem se aproximado da potência das unidades geradoras convencionais (usinas hidrelétricas e termelétricas), torna-se necessário o controle da qualidade da energia entregue à rede. O sistema de controle tem um impacto imediato no custo da energia gerada pela turbina, porém, controladores de alto desempenho e confiáveis são essenciais para aumentar a competitividade dos aerogeradores.

No passado, a principal função do sistema de controle em aerogeradores era limitar a potência e a velocidade do rotor abaixo de valores especificados com o objetivo de evitar que a turbina entrasse no modo inseguro de operação na incidência de ventos de altas velocidades. Os primeiros aerogeradores projetados possuíam mecanismos primitivos para executar essa ação de controle. À medida que os aerogeradores foram aumentando o tamanho e a potência, os sistemas de controle foram ficando mais sofisticados, passando a incorporar também a função de aumentar a eficiência e a qualidade da energia gerada, os quais são aspectos que também impactam os custos de geração de energia.

Este capítulo tem como objetivo dar uma visão geral sobre os aspectos conceituais do controle e integração de aerogeradores na rede elétrica. Aprofundamentos técnicos e equações envolvidas podem ser encontrados em Bianchi (2006) e Heir (2006).

OBJETIVOS DO CONTROLE

O desafio que se faz presente hoje na área eólica consiste em gerar energia elétrica a um mínimo custo, considerando os aspectos de eficiência e qualidade da energia entregue à rede, dentro de padrões de segurança da operação e ruído acústico.

A minimização do custo da energia gerada, portanto, envolve uma série de objetivos parciais que estão correlacionados e, muitas vezes, são conflitantes. Assim, a questão que se coloca é como encontrar um equilíbrio entre esses objetivos parciais.

Em linhas gerais os objetivos podem ser arranjados nos seguintes tópicos:

- *Extração de energia:* maximização da extração de energia, levando em conta restrições de operação tais como potência máxima, velocidade máxima do rotor, velocidade de corte da turbina (*cut-out speed*) etc.
- *Cargas mecânicas:* proteção da turbina contra cargas mecânicas dinâmicas excessivas. Um detalhamento dessas cargas é apresentado mais adiante neste capítulo.
- *Qualidade de potência:* acondicionamento da potência gerada de tal forma a cumprir com os padrões de qualidade exigidos para conexão à rede elétrica.

Extração de energia

A potência fornecida por uma determinada turbina eólica é representada por sua curva de potência em função da velocidade do vento. A curva representa a capacidade de geração específica, ou seja, quanto de energia pode ser extraída do vento levando em conta restrições físicas e econômicas.

A Figura 5.1 mostra uma curva de potência ideal para uma turbina eólica típica, na qual se observa que o intervalo de operação da turbina é limitado pela velocidade do vento de entrada (Vmin) e de corte (Vmáx). A turbina, fora desses limites de velocidade do vento, permanece parada. Abaixo da velocidade de entrada (Vmin), a energia disponível no vento é muita baixa para compensar as perdas e os custos de operação. Acima da velocidade de corte (Vmáx), a turbina é desligada para manter a integridade física da máquina, evitando sua exposição a sobrecargas mecânicas.

Embora os ventos nas altas velocidades possuam muita energia, torna-se antieconômico projetar aerogeradores para trabalharem nessas condições, pois a máquina teria que ser robusta o suficiente para suportar altas cargas mecânicas e, além disso, a quantidade de energia gerada não seria significante, tendo em vista que os ventos sopram com velocidades elevadas poucas horas no ano. O Capítulo 2 mostra algumas curvas típicas de perfil do vento nas quais se pode observar a permanência no tempo das altas velocidades e baixas velocidades de vento. Assim, nessas condições, o que se perde em geração de energia pela turbina por deixá-la parada é muito pouco.

Na Figura 5.1 observa-se que a curva de potência ideal permanece constante na potência nominal (P_N) acima da velocidade do vento, denominada velocidade nominal (V_N). A especificação de potência e velocidade nominais da turbina é um compromisso entre energia disponível e custos de fabricação. Por exemplo, projetar aerogeradores para extrair toda a energia disponível do vento com velocidades entre V_N e Vmáx resulta em um aumento do custo por kWh, pois velocidades de vento acima da nominal (V_N) não são frequentes o suficiente para justificar uma potência extra instalada.

A curva ideal de potência, como pode-se observar, possui três regiões diferentes com distintos objetivos. Na região I, onde os ventos sopram com menores velocidades, a potência instantânea gerada é menor que a nominal. Como apresentado no Capítulo 2, a potência ideal gerada pela turbina é igual a potência disponível no vento que se aproxima das pás do rotor multiplicado pelo máximo coeficiente de potência $C_{Pmáx}$, ou seja:

$$P_G = C_{Pmáx} P_e = \frac{1}{2}\rho \pi R^2 C_{Pmáx} \eta V^3 \qquad (5.1)$$

Em que:

P_G = potência elétrica disponível
P_e = potência do vento
ρ = massa específica do ar
R = raio da pá
η = rendimento dos demais equipamentos mecânicos e elétricos
V = velocidade do vento

Assim, na região I o objetivo é extrair toda a energia disponível. Portanto, a curva de potência ideal segue o formato de uma parábola cúbica, mostrada na Figura 5.1.

Na região III, o objetivo é limitar a potência gerada abaixo do seu valor nominal para evitar sobrecarga no gerador elétrico. Dessa forma, nessa região a turbina deve ser operada com eficiência abaixo de $C_{Pmáx}$. Na região II, a velocidade do rotor é limitada com o objetivo de manter o ruído acústico dentro de limites permitidos, como também manter as forças centrífugas abaixo de valores limitados tolerados pelo rotor. Eventualmente, caso esse limite de velocidade não seja atingido, a região II pode não existir e a curva de potência ótima (região I) pode continuar até atingir a potência nominal.

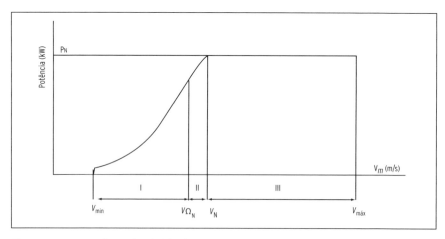

Figura 5.1: Curva de potência ideal.

Fonte: Bianchi (2006).

Cargas mecânicas

Mantendo em mente a minimização dos custos de geração, o sistema de controle não pode ser projetado no intuito de apenas fazer com que a turbina gere energia seguindo a sua curva de potência ideal. Os outros objetivos do controle não podem ser ignorados. Por exemplo, os diversos componentes de uma turbina eólica estão sujeitos à fadiga causada por cargas mecânicas que aparecem em função da interação dos ventos com a turbina, como também resultado da transição do seu modo de operação (por exemplo, atuação de freio mecânico, mudança do ângulo de passo das pás etc). As seguintes cargas mecânicas atuam em uma turbina eólica:

- *Cargas estáticas (não rotativas)*: referem-se a cargas constantes (não variam com o tempo) que afetam a estrutura não móvel. Resultam da interação da turbina em modo estacionário com a velocidade média do vento.
- *Cargas constantes (rotativas)*: são também cargas que não variam com o tempo, mas a estrutura pode estar em movimento. Por exemplo: quando a turbina está gerando energia, os ventos constantes podem induzir cargas nas pás ou outras partes da turbina.
- *Cargas cíclicas*: são aquelas que variam de uma forma periódica ou regular. O termo aplica-se particularmente a cargas que aparecem com a rotação do rotor. São resultados de alguns fatores como peso das pás, variação do perfil horizontal da velocidade do vento e movimento de orientação do rotor (Yaw). Cargas cíclicas também podem estar associadas com a vibração da estrutura da turbina ou alguns dos seus componentes. O controlador deve possibilitar que as cargas cíclicas resultantes da variação da velocidade do rotor, provocada tanto pela variação do ângulo de passo das pás como pelo controle do torque elétrico do gerador, sejam dissipadas de tal forma a reduzir cargas de altas frequências e quebra por fadiga dos componentes.
- *Cargas transitórias*: são cargas que variam com o tempo e aparecem em resposta a alguns eventos externos temporários. Podem ser oscilações associadas com respostas transitórias, mas elas eventualmente decaem. Como exemplos de cargas transitórias pode-se citar aquelas que aparecem no sistema de transmissão resultante da aplicação de um freio. A transição entre o rastreamento do ponto de máxima potência (região I) e a regulação de potência (região III) bem como o modo como a potência é limitada quando a velocidade do vento está acima da velocidade nominal, tem um impacto direto nas cargas transitórias. Estratégias de controle não adequadas podem também, inevitavelmente, conduzir a fortes cargas transitórias.

- *Cargas pulsantes*: são cargas de pequena duração, mas elevada magnitude. Um exemplo desse tipo de carga é a experimentada pelas pás de uma turbina com rotor montado a sota-vento. São cargas experimentadas por essas pás quando elas passam atrás da torre.
- *Cargas estocásticas*: são cargas que variam com o tempo, como as cíclicas, transitórias e pulsantes Nesse caso, as cargas variam aleatoriamente. Na maioria dos casos, o valor médio pode ser constante, mas podem haver flutuações significantes em torno da média. Um exemplo desse tipo de carga são aquelas que aparecem nas pás quando o vento está muito turbulento.
- *Cargas ressonantes induzidas*: são cargas cíclicas resultantes da resposta dinâmica de algumas partes da turbina excitadas nas suas frequências naturais. Essas cargas podem atingir elevadas magnitudes e devem ser evitadas sempre que possível, porém, podem ocorrer sobre circunstâncias operacionais não usuais devido a um projeto malfeito. Podem causar sérias consequências aos aerogeradores.

As cargas dinâmicas (variáveis com o tempo) são as mais importantes do ponto de vista de controle.

Qualidade de potência

Como já mencionado na introdução deste capítulo, à medida que a potência unitária dos aerogeradores foi aumentando ao longo do tempo, tornando viável a sua aplicação em centrais de grande capacidade integradas às redes elétricas, o aspecto relativo à qualidade de energia passou a ser importante e, como consequência, houve a necessidade de adicionar ao controle a função de controlar ou regular os parâmetros de qualidade dentro do padrão exigido pelas redes elétricas. A qualidade da potência afeta o custo da energia de várias formas. Por exemplo, uma potência de má qualidade pode demandar investimentos adicionais nas redes elétricas ou impor limites à potência entregue à rede. Em razão das variações de curta e longa duração da velocidade dos ventos, o que ocasiona variação da potência entregue a rede elétrica, a geração eólica convencionalmente é considerada uma geração de qualidade pobre, como será comentado em mais detalhes no final deste capítulo. A qualidade de energia é avaliada principalmente pela estabilidade da frequência e tensão no ponto de conexão com a rede elétrica e pela emissão de cintilações na tensão (*flicker*).

As variações na frequência da rede elétrica são ocasionadas pelo desequilíbrio na potência. Por exemplo, os geradores elétricos aceleram quando a energia gerada supera o consumo, aumentando a frequência. Analogamente, os geradores diminuem a velocidade quando não podem suprir a demanda e, portanto, a frequência diminui. Comumente, quando conectadas a uma rede forte, aerogeradores individuais ou fazendas eólicas formadas por aerogeradores de pequena potência não afetam a frequência. Todavia, isso não acontece quando a turbina eólica é parte de um sistema isolado ou quando se está tratando de uma fazenda eólica de grande porte.

A interação dos aerogeradores com a rede elétrica afeta a tensão nos terminais da rede. Por um lado, excursões da baixa tensão acontecem quando a potência extraída por uma turbina eólica muda com a velocidade média do vento. A amplitude dessas variações depende estritamente da impedância da rede no ponto de conexão e do fluxo de potência ativa e reativa. Uma forma de atenuar essas variações de tensão sem afetar a extração de potência é por meio do controle do fluxo de potência reativa. Isso tem sido feito, por exemplo, usando banco de capacitores ou máquinas síncronas consumindo ou fornecendo potência reativa. Todavia, como os aerogeradores modernos estão sendo conectados à rede elétrica através de conversores de potência, a tendência corrente é tirar vantagem da flexibilidade do controle proporcionado pela eletrônica de potência.

Por outro lado, as cargas cíclicas originadas pelos efeitos de rotação da turbina propagados por meio do sistema de transmissão até a rede elétrica produzem rápidas flutuações na tensão da rede. Lamentavelmente, a frequência dessas cargas cíclicas pode sensibilizar o olho humano e induzir cintilações nas redes elétricas. A cintilação é definida como uma impressão de uma sensação instável induzida por um estímulo de flutuação da luz, causando incômodo ao ser humano. Essas flutuações de tensão podem ser atenuadas usando filtros ativos ou passivos ou, no caso de aerogeradores de velocidade variável, controlando a potência reativa por meio dos conversores eletrônicos. Outra forma de atenuar esse problema é suavizar a propagação das cargas cíclicas, incorporando dissipadores dinâmicos no sistema de transmissão por meio de controle adequado das características do torque do gerador elétrico.

Modelo simplificado de uma turbina eólica

Como descrito no Capítulo 4, uma turbina eólica é composta por três subsistemas principais: rotor, sistema de transmissão e sistema elétrico.

O rotor é composto por: pás, onde é feita a conversão aerodinâmica, ou seja, a energia dos ventos é transformada em energia mecânica; o cubo que acopla as pás ao eixo de transmissão; e o servomecanismo de mudança de passo das pás (quando existente), que é colocado dentro do cubo e tem a função de girar as pás em torno do seu eixo longitudinal. O sistema de transmissão é composto pelos eixos, caixas de engrenagem e freio mais a estrutura de suporte dos equipamentos e tem duas funções: a primeira, consiste em transferir o torque do rotor ao gerador elétrico; a segunda consiste em dar sustentação ao rotor e aos outros equipamentos, enquanto estes estão sujeitos a forças de empuxo. O subsistema elétrico (gerador) tem a função de converter a potência mecânica do eixo em eletricidade.

A Figura 5.2 ilustra uma turbina de eixo horizontal, realçando esses três componentes.

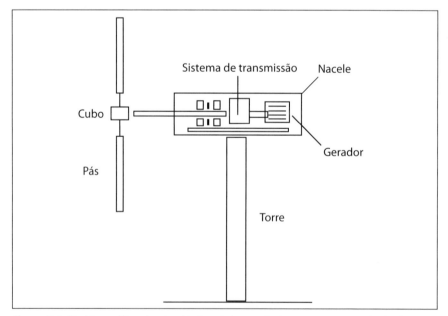

Figura 5.2: Turbina eólica de eixo horizontal com destaque aos seus principais componentes.

Fonte: Adaptada de Bianchi (2006).

Para entender a ação do controle, uma turbina eólica pode ser modelada por meio da integração dos seus subsistemas. Um modelo típico simplificado é mostrado na Figura 5.3. Esse modelo representa, em uma extremidade, o rotor com sua inércia e, na outra, o sistema de transmissão com sua inércia, no qual, por sua simplicidade, inclui-se o gerador elétrico. Um torque aerodinâmico atua no rotor e um torque elétrico atua no gerador. Nas pás age o servomecanismo de mudança de passo (quando existente) e, em algum lugar do eixo, atua o freio mecânico.

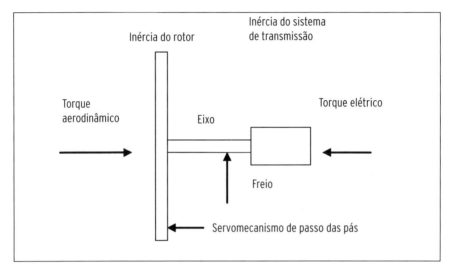

Figura 5.3: Modelo simplificado de uma turbina eólica.

Fonte: Adaptada de Manwell et al. (2004).

Controle do torque aerodinâmico

O torque aerodinâmico afeta toda a operação da turbina e fornece a potência entregue à carga. Como discutido no Capítulo 3, o torque aerodinâmico é o torque líquido do vento, consistindo de contribuições relacionadas à velocidade específica de ponta de pá do rotor, geometria das pás, erro de posição de orientação do rotor (Yaw) e mecanismos adicionais para controle da força de arrasto nas pás, apresentados no Capítulo 4. Todas essas contribuições ao desenvolvimento do torque aerodinâmico, exceto a velocidade do vento, podem ser alteradas por meio de um sistema de controle. Aerogeradores de velocidade variável podem operar em diferentes velocidades, ou seja, em diferentes velocidades específicas de ponta de pá; turbinas com controle de passo de pás podem alterar a geometria do rotor ou das pás; turbinas com mecanismo de controle de orientação do rotor podem controlar o erro de posicionamento da nacele com relação à direção do vento; e turbinas com mecanismos adicionais de controle da força de arrasto podem alterar a força de arrasto agindo nas pás. Como descrito no tópico "Objetivos do controle", abaixo da velocidade nominal do vento, o sistema de controle pode agir no sentido de maximizar o torque aerodinâmico (ou potência), enquanto acima da velocidade nominal do vento o sistema de controle pode agir para limitar o torque aerodinâmico.

Controle do torque elétrico

O torque do gerador pode ser regulado pelas características de projeto do gerador conectado à rede ou controlado de forma independente com o uso de conversores eletrônicos de potência.

Os geradores conectados diretamente na rede elétrica operam com uma regulação de velocidade pequena ou nula (conforme o tipo de gerador utilizado) e fornecem, qualquer que seja o torque requerido, uma operação na ou próxima da velocidade síncrona. Geradores síncronos não permitem variação de velocidade e, portanto, qualquer torque imposto resulta em um quase instantâneo torque de compensação. Isso pode resultar em um elevado pico no torque e potência sobre certas condições. Geradores de indução conectados diretamente na rede permitem uma regulação pequena de velocidade com relação à velocidade síncrona. Isso resulta em uma resposta mais suave e menores picos de torque/potência com relação aos geradores síncronos.

Alternativamente, o gerador pode ser conectado de maneira indireta à rede elétrica por meio de um conversor eletrônico de potência, o que permite que o torque do gerador possa ser rapidamente ajustado no valor desejável. O conversor determina a frequência, a fase, e a tensão da corrente que flui do gerador, controlando, portanto, o seu torque.

Controle do torque de frenagem

A colocação de um rotor eólico no modo estacionado (modo parado ou travado para que o rotor não gire e fique fora de operação) e a parada de uma turbina eólica controlada por estol é feita por meio do uso de freios mecânicos colocados tanto no eixo de baixa rotação (eixo principal) quanto no de alta rotação (do lado do gerador elétrico). Como descrito no Capítulo 4, os freios são mecanismos tipicamente hidráulicos, pneumáticos ou de molas. Assim, o controle do torque aplicado ao freio requer usualmente a ativação de molas solenoides ou, possivelmente, válvulas controláveis. Outros métodos de frenagem são: frenagem do rotor utilizando o torque do gerador elétrico em máquinas controladas por conversores eletrônicos de potência; freios dinâmicos, componentes elétricos auxiliares que fornecem um torque elétrico de frenagem ao gerador (por exemplo, banco de resistências).

ESTRATÉGIAS DE CONTROLE E MODO DE OPERAÇÃO

A estratégia de controle descreve como a turbina é programada para aproximar-se no seu estado de equilíbrio à curva de potência ideal mostrada na Figura 5.1. Portanto, a estratégia de controle ajusta o estado de equilíbrio do torque (ou potência) e da velocidade do rotor para cada velocidade do vento no intervalo de operação da turbina. A estratégia de controle afeta o projeto e o ajuste do controlador. A despeito de sua natureza estacionária, a estratégia de controle tem forte influência no comportamento dinâmico de uma turbina eólica.

Diz-se que uma turbina eólica atinge seu ponto de operação no estado de equilíbrio quando o torque líquido aplicado ao sistema é zero, isto é, quando o torque de reação do gerador se iguala ao torque aerodinâmico desenvolvido no rotor (ambos os torques referidos ao mesmo lado da caixa de engrenagem). Essa condição de estado de equilíbrio é mostrada na Figura 5.4; nela, a característica do torque aerodinâmico do rotor é plotada para diferentes valores de velocidade de vento e ângulo de passo. Da mesma forma, a característica do torque de reação do gerador é mostrada para dois valores de velocidade de rotação Ω_Z (rotação na qual o torque líquido é igual a zero). Claramente, o ponto no qual o torque de reação intercepta a curva do torque aerodinâmico para uma dada velocidade de vento é o ponto de operação naquela velocidade de vento. Por exemplo, dado $\beta = \beta_0$ e $\Omega_Z = \Omega_{ZP}$, P_1 é o ponto de operação na velocidade do vento V_1, P_2 é o ponto de operação na velocidade V_2, e assim por diante. Na Figura 5.4, verifica-se que ou a característica aerodinâmica ou a do gerador deve ser modificada para que a turbina opere em outros pontos. Essa espécie de flexibilidade é usualmente necessária para alcançar os objetivos do controle.

Algumas configurações de aerogeradores, mostradas no tópico subsequente, permitem o controle da característica dos seus torques. Efetivamente, a característica do gerador pode ser deslocada para maiores ou menores velocidades por meio de um controle adequado dos conversores eletrônicos. Por exemplo, a Figura 5.4 ilustra como o ponto de operação muda de P_1 para Q_1, quando Ω_Z controlado pelos conversores aumenta de Ω_{ZP} para Ω_{ZQ}. Uma turbina eólica que permite que a característica do seu torque de reação seja modificada é caracterizada por operar em velocidade variável. Esse modo de operação é útil, por exemplo, para efetuar o rastreamento do ponto de máxima potência quando a velocidade do vento varia abaixo do seu valor nominal.

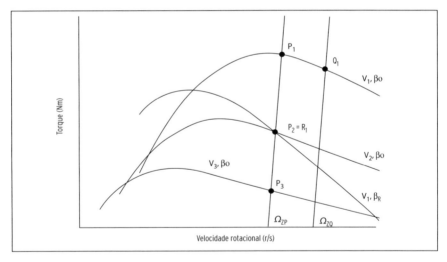

Figura 5.4: Pontos de operação para diferentes condições de operação.
Fonte: Bianchi (2006).

Por outro lado, o controle de passo é a forma mais popular de alterar a resposta do torque aerodinâmico da turbina. A Figura 5.4 mostra como o ponto de operação é modificado mesmo quando a velocidade do vento permanece constante. De fato, o ponto de operação muda de P_1 para R_1 quando o ângulo de passo muda de β_0 para β_R. Adicionalmente, pode-se observar que o ponto de operação pode ser mantido constante a despeito da mudança na velocidade do vento por meio de um adequado ajuste no ângulo de passo. Na figura, o ponto de operação P_2 para $V=V_2$ e $\beta = \beta_0$ coincide com o ponto de operação R_1 para $V=V_1$ e $\beta = \beta_R$. A operação com passo variável é particularmente útil para dar forma à resposta aerodinâmica em velocidades de vento acima da nominal. Por exemplo, isso permite manter a turbina operando em um ponto fixo a despeito das flutuações na velocidade do vento.

A expressão "modos de operação" denota as várias formas em que os aerogeradores podem ser programados para trabalhar, os quais são essencialmente determinados pelas formas factíveis de sua atuação. Velocidade fixa, velocidade variável, passo fixo e passo variável são os mais comuns. Visto que os aerogeradores funcionam em diferentes condições, esses modos de operação são usualmente combinados para atingir os objetivos sobre a faixa completa de velocidades de vento no intervalo de operação. Consequentemente, aerogeradores podem ser classificadas em quatro categorias (Bianchi, 2006):

- *Velocidade fixa – passo fixo*: a qual tem sido a configuração mais dominante durante algumas décadas. Todavia, o número de aerogeradores comerciais baseado nesse conceito está em declínio. Nesse esquema, o gerador elétrico é acoplado diretamente na rede elétrica. Portanto, a característica do torque não pode ser modificada. Como consequência, a velocidade do gerador elétrico é fixada pela frequência da rede elétrica. Por esse motivo, diz-se que a turbina eólica opera na velocidade fixa. Na realidade, a velocidade varia em uma porcentagem pequena ao longo da característica do torque do gerador caso o gerador utilizado seja assíncrono. No caso de se usar gerador síncrono não há variação de velocidade. Visto que não há equipamentos adicionais para implementar estratégias de controle, esse tipo de configuração é simples e de baixo custo. Como desvantagem, seu desempenho é pobre. De fato, nenhuma ação ativa de controle pode ser feita para aliviar as cargas mecânicas e melhorar a qualidade de energia. Adicionalmente, a eficiência de conversão está longe do que seria ótimo.

- *Velocidade fixa – passo variável*: essa configuração também tem sido empregada nos aerogeradores comerciais durante várias décadas, particularmente em aplicações de médias e altas potências. Operação em velocidade fixa significa que a máxima conversão de potência só pode ser atingida em uma velocidade de vento. Portanto, a eficiência de conversão abaixo da velocidade nominal não pode ser otimizada. Esse tipo de turbina usualmente é programada para operar no passo fixo abaixo da velocidade nominal do vento. Todavia, a operação com passo variável em velocidades de vento baixas poderia ser potencialmente útil para aumentar a extração de energia. Acima da velocidade nominal do vento, a potência é limitada ajustando continuamente o ângulo de passo.

- *Velocidade variável – passo fixo*: essa alternativa tem se tornado popular em aerogeradores comerciais, particularmente para operação em baixas velocidades. Os benefícios descritos para operação em velocidade variável consistem na maior extração de energia, alívio de cargas dinâmicas e melhorias na qualidade de energia. Nas baixas velocidades de vento, os aerogeradores são controlados para rastrear o ponto de $CP_{Máx}$. Com o aumento da participação das centrais eólicas na rede elétrica, a demanda por melhorias na qualidade de potência deu um ímpeto decisivo ao uso da configuração de velocidade variável.
- *Velocidade variável – passo variável*: essa configuração vem sendo cada vez mais usada recentemente. Nesse esquema, a turbina é programada para operar na velocidade variável e passo fixo abaixo da velocidade nominal do vento e com passo variável acima da velocidade nominal. A operação em velocidade variável aumenta a extração de energia nas baixas velocidades do vento, enquanto a operação com passo variável permite uma eficiente regulação de potência em velocidades de ventos maiores que a nominal. Note que essa estratégia de controle também atinge a curva de potência ideal mostrada na Figura 5.1.

Detalhes sobre como as estratégias de controle são implementadas para turbinas de velocidade variável podem ser encontradas em Bianchi (2006).

TIPOS DE CONEXÃO DE AEROGERADORES NA REDE ELÉTRICA

No Capítulo 4 foram apresentados os diferentes tipos de geradores elétricos utilizados em aerogeradores. Independentemente do tipo de gerador elétrico utilizado, o tópico anterior mostrou que uma turbina eólica pode funcionar com velocidade variável e velocidade constante. O tipo de gerador utilizado e o modo de operação (velocidade fixa ou variável) definem dois tipos de configuração de aerogeradores no que diz respeito à sua forma de conexão com a rede elétrica: turbina direta e indiretamente acoplada à rede elétrica. A maioria dos aerogeradores mais antigos e de menores potências é equipada com geradores acoplados diretamente na rede elétrica. Em alguns casos, mesmo nos dias atuais, considerações de custo conduzem à preferência por esse conceito, a despeito das consideráveis desvantagens com relação a operação aerodinâmica do rotor e cargas dinâmicas nos componentes mecânicos do sistema de transmissão. Somente mais recentemente, com o progresso da tecnologia de conversores eletrônicos estáticos, o acoplamento indireto com a vantagem da operação do gerador em velocidade variável tem possibilitado uma solução economicamente mais viável. Para as duas configurações mencionadas existem diversos sistemas geradores, os quais são apresentados a seguir.

Sistema gerador com velocidade fixa

Gerador síncrono acoplado diretamente na rede elétrica

Do ponto de vista do comportamento dinâmico na rede, o acoplamento de um gerador síncrono diretamente na rede elétrica representa a configuração mais rígida (Figura 5.5). A configuração mostrada apresenta velocidade do gerador bem acima da velocidade do rotor eólico, usando um sistema de transmissão (caixa de engrenagem) para fazer o acoplamento do eixo do rotor eólico ao eixo do gerador elétrico. Como o estator é ligado diretamente à rede elétrica, a velocidade de rotação da turbina é fixada pela frequência da rede elétrica, número de polos do gerador e relação de transmissão da engrenagem.

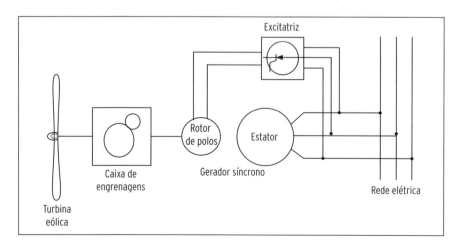

Figura 5.5: Gerador síncrono acoplado diretamente na rede elétrica.
Fonte: Moraes (2004).

As vantagens dessa solução estão na simplicidade e na compatibilidade com a tecnologia padrão atual dos geradores acoplados às redes trifásicas. Além disso, a potência reativa pode ser facilmente controlada por meio da corrente CC de excitação do campo do gerador. Na configuração mostrada na Figura 5.5, o conversor eletrônico acoplado entre a rede elétrica e a bobina de campo do rotor de polos do gerador faz esse controle de potência reativa. É possível a operação isolada desse gerador sem a necessidade de equipamento adicional para a compensação de reativos. Essas vantagens, todavia, são compensadas por uma série de desvantagens: permitem pequena compensação das cargas dinâmicas impostas ao gerador pelo rotor eólico; grandes surtos de carga, por exemplo, por causa das rajadas de vento, podem causar perda de sincronismo. O gerador síncrono, mesmo em resposta a pequenos picos de carga ou flutuações de frequência na rede, tende a produzir oscilações que são fracamente dissipadas.

A rigidez do acoplamento direto resulta em uma potência de saída da turbina eólica altamente flutuante. Qualquer flutuação de vento capturado pelo rotor é transferida à rede sem amortecimento algum. Por não permitir regulação de velocidade, essa configuração é considerada ineficiente, pois desperdiça boa parte do conteúdo energético dos ventos, sendo mais apropriada em locais que apresentam ventos mais constantes. A potência pode ser limitada por estolamento das pás ou por meio do uso de mecanismo de controle de passo das pás.

Em vista dos avanços obtidos no sistema de geração com velocidade variável, o uso de acoplamento do gerador síncrono diretamente na rede elétrica diminui a cada ano sua participação no mercado de aerogeradores.

Gerador de indução com rotor de gaiola acoplado diretamente na rede elétrica

Geradores de indução acoplados diretamente na rede elétrica têm sido usados com sucesso por décadas. A Figura 5.6 representa uma configuração usando gerador assíncrono ou de indução (tipo gaiola de esquilo). Nessa configuração, também é usada uma caixa de multiplicação (engrenagens) para fazer o acoplamento do eixo do rotor eólico ao eixo do gerador elétrico. A compensação dos reativos é feita por um banco de capacitores acoplados na saída do estator.

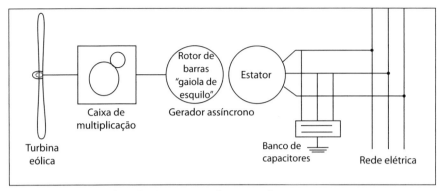

Figura 5.6: Gerador de indução com acoplamento direto.
Fonte: Moraes (2004).

Aerogeradores de grande porte (na ordem de MW) são projetados com um pequeno escorregamento nominal, favorecendo uma alta eficiência. Com relação à operação conectada à rede, o comportamento desse tipo de gerador não difere muito do gerador síncrono. As flutuações de potência ocasionadas pelas flutuações do vento são transferidas à rede de uma forma fracamente amortecida, da mesma forma que acontece quando se usa gerador síncrono. Embora essa característica oscilatória seja menos problemática, as cargas dinâmicas impostas na turbina eólica são também elevadas.

Melhorias podem ser obtidas com um escorregamento nominal maior. No entanto, um alto escorregamento conflita com o peso e custo do gerador.

Uma desvantagem do gerador de indução com um maior escorregamento e que não pode ser ignorada é o problema da dissipação de calor. Nesse caso, torna-se necessária a colocação de um sistema de refrigeração de maior porte na nacele.

Gerador de indução com escorregamento variável acoplado diretamente na rede elétrica - rotor bobinado

O escorregamento do gerador de indução permite uma variação de velocidade da turbina. Para se obter essa variação na velocidade, resistores externos são conectados no circuito do rotor com a função de produzir um escorregamento desejável quando a carga na turbina torna-se elevada. Usar resistores externos em vez de um rotor com alto escorregamento simplifica o sistema de refrigeração

Sistema gerador com duas velocidades

É usado para obter melhorias na adaptação da velocidade do rotor com a velocidade do vento. Normalmente, são adotadas duas velocidades constantes. Uma menor, que opera quando a velocidade dos ventos é menor, e uma maior, quando os ventos sopram com maior velocidade. Com isso torna-se possível aproveitar melhor a energia contida nos ventos e diminuir a emissão de ruído da turbina em operação com cargas parciais. Há várias possibilidades de implementar eletricamente o chaveamento de uma velocidade para outra no rotor.

- *Sistema com dois geradores*: conceito dinamarquês utilizado por muitos fabricantes. Tal sistema geralmente é equipado com dois geradores, sendo um de velocidade menor para baixos ventos e outro de velocidade maior para ventos mais elevados. Além das vantagens com relação à velocidade do rotor, há um aumento da eficiência em cargas parciais, melhor fator de potência, permitindo uma menor necessidade de potência reativa do menor gerador. Na maioria dos casos, a turbina possui três pás sem controle de passo. O gerador maior é dimensionado com a potência nominal da turbina para atender os requisitos do rotor controlado por estol e prover o torque necessário para manter o gerador na rede elétrica. Como desvantagem desse tipo de configuração está o maior custo, tendo em vista o uso de dois geradores, sistema de transmissão, controle e operação mais complexos. Em aerogeradores de grande porte, mesmo com as vantagens técnicas citadas, o custo de dois geradores não viabiliza economicamente o uso dessa configuração.

- *Gerador com mudança de polos*: essa solução consiste em usar um gerador de indução que permita a mudança de polos. Esse gerador possui dois enrolamentos eletricamente isolados no estator com diferentes números de polos, normalmente, 4 e 6 polos ou 6 e 8 polos. A relação de velocidade é de 66,6% para 100% ou 75% para 100%, respectivamente. Os geradores são muito mais caros se comparados com os geradores padrão, e sua eficiência é um pouco menor quando operam em menores velocidades. As vantagens da operação com chaveamento de velocidades, portanto, é questionável, mesmo com a solução de mudança de polos do gerador, mas pode ser útil em áreas com um menor regime de ventos.

Sistema gerador com velocidade variável

A operação em velocidade variável controlada só é possível com o acoplamento de um conversor entre a turbina e a rede elétrica. Um gerador que opera com velocidade variável gera, inevitavelmente, uma corrente com frequência variável, a qual só pode ser ajustada no valor constante da frequência da rede elétrica por um inversor. Além de reduzir as cargas dinâmicas de modo considerável, essa configuração com operação em velocidade variável permite o melhor aproveitamento das propriedades aerodinâmicas do rotor eólico com relação à operação em velocidade constante. Essa configuração tem sido cada vez mais empregada nos aerogeradores de grande porte em função dos avanços obtidos na tecnologia dos inversores. Um aerogerador de velocidade variável pode ser implementado usando geradores síncrono e assíncrono (indução).

Gerador síncrono com inversor

A operação em velocidade variável de um gerador síncrono é efetuada por meio de um inversor com um *link* CC. A frequência CA variável do gerador é retificada para CC e depois injetada na rede elétrica em CA por meio de um inversor, em uma frequência constante.

Essa configuração com *link* CC permite, para uma ampla faixa de velocidade, o total desacoplamento da velocidade do gerador e, portanto, do rotor eólico da frequência da rede elétrica. Com essa ampla faixa de velocidade de operação é possível aproveitar melhor a energia contida nas diferentes velocidades de vento. A Figura 5.7 mostra uma configuração de operação com velocidade variável usando gerador síncrono. Nessa configuração também é usado o sistema de transmissão para realizar a multiplicação da velocidade.

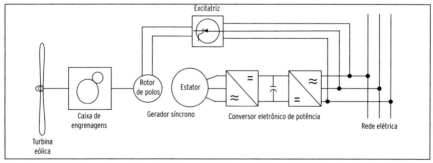

Figura 5.7: Turbina com velocidade variável usando gerador síncrono com excitação independente.

Fonte: Moraes (2004).

O torque do gerador pode ser controlado via circuito do *link* CC (retificador). O gerador síncrono com inversor oferece vantagens operacionais adicionais. Sem muito custo adicional, a velocidade da turbina pode ser acelerada com o gerador funcionando como motor e desacelerada com o gerador usado como freio elétrico. Em contraste com o gerador de indução, em caso de falha na rede de freios elétricos podem ser facilmente implementados por meio do uso de um resistor ôhmico. Adicionalmente, não há problemas com sincronização e picos de corrente na partida.

Todavia, a despeito do uso de gerador síncrono, a potência reativa requerida do sistema é considerável. A potência dos inversores necessária para realizar o controle e comutação é alta. Além disso, dependendo da qualidade dos inversores eles podem produzir perturbações indesejáveis na rede devido às suas frequências harmônicas. Se a potência reativa for completamente compensada e forem usados filtros para filtrar as harmônicas indesejáveis, o sistema fica mais complexo. Atualmente existem inversores de boa qualidade e alta eficiência. No entanto, seu custo é alto e, como toda potência gerada nessa configuração passa por ele, seu custo adicionado ao custo do gerador síncrono e dos filtros de harmônicos faz com que essa configuração de sistema seja mais cara.

Gerador de indução com rotor de gaiola e inversor

Ao usar gerador de indução, tem-se como vantagem, com relação à configuração anterior, o uso de um gerador mais robusto e barato, e o não uso de excitação de campo em função do seu princípio de funcionamento por correntes induzidas. Na configuração mostrada na Figura 5.8, também se utiliza uma caixa multiplicadora de velocidades. O controle dos reativos é feito pelo equipamento conversor que acopla o estator do gerador à rede elétrica.

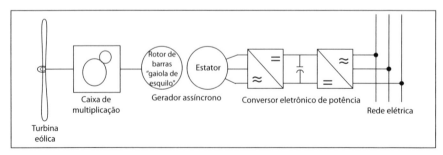

Figura 5.8: Turbina de velocidade variável com gerador de indução de rotor de gaiola.
Fonte: Moraes (2004).

Gerador de indução com rotor bobinado duplamente alimentado

É um sistema de velocidade variável que utiliza gerador de indução com rotor bobinado, o qual é ligado à rede elétrica via estação conversora. A alimentação chega até as bobinas do rotor por meio de escovas e anéis coletores. O estator do gerador é ligado diretamente na rede elétrica. A Figura 5.9 mostra essa configuração, a qual possui também uma caixa multiplicadora de velocidade.

O conversor estático do rotor do gerador é projetado de forma que o gerador possa operar em uma faixa limitada de velocidade, atingindo escorregamentos positivos onde a velocidade está abaixo da síncrona (região subsíncrona) e escorregamentos negativos onde a velocidade está acima da síncrona (região supersíncrona). A relação de transformação da caixa de engrenagem é ajustada de forma que a velocidade síncrona do gerador corresponda a um valor intermediário da faixa de velocidade permitida para a turbina eólica e também de forma a limitar o valor máximo do escorregamento seguro para a operação do conversor do rotor, não excedendo sua potência nominal. Assim, a potência nominal do conversor será função da faixa de escorregamento da máquina, podendo-se assim utilizar essa figura de mérito para reduzir a potência nominal necessária ao conversor do rotor. O sistema opera, portanto, em velocidade variável em uma faixa limitada e para velocidades acima da nominal a potência produzida é limitada por meio do controle do ângulo de passo das pás. A frequência gerada pelo inversor é sobreposta à frequência do campo girante do rotor do gerador, de tal forma que a frequência sobreposta resultante permanece constante, independentemente da velocidade do rotor. Se um ciclo conversor é usado como inversor, a faixa de variação de frequência é restrita a ±40% da velocidade nominal. Por meio do controle da magnitude e da fase da tensão CA no rotor, a corrente ativa ou reativa desejada pode ser ajustada, isso é, o gerador pode operar com qualquer potência reativa requerida.

Esses diferentes modos de operação requerem um sistema de controle complexo. Por outro lado, o gerador duplamente alimentado e controlado combina as vantagens operacionais da máquina síncrona e assíncrona. Além da operação em velocidade variável, essa configuração oferece a vantagem especial de um sistema separado de controle da potência ativa e reativa. Uma vantagem adicional está associada ao fato de que aproximadamente 1/3 da potência nominal de gerador flui pelo circuito do rotor, via inversor. Como resultado, o inversor utilizado é menor, ou seja, de menor potência, comparado com a configuração anterior (inversor ligado no estator). Isso reduz o custo e a perda de eficiência no inversor.

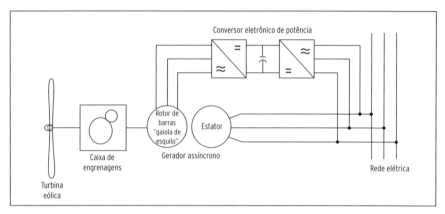

Figura 5.9: Turbina de velocidade variável com gerador de indução duplamente alimentado.

Fonte: Moraes (2004).

Turbina com rotor acoplado diretamente no gerador elétrico

A ideia de acionar um gerador elétrico diretamente do rotor eólico sem caixa de engrenagem intermediária não é tão recente. Todavia, devido à baixa velocidade do rotor dos aerogeradores de alta potência, o gerador elétrico requer um elevado número de polos para alcançar a frequência da rede o que resulta em seu diâmetro e peso de dimensões inaceitáveis.

- *Gerador síncrono com excitação independente*: o crédito, por ter sido o primeiro a implementar um gerador diretamente acoplado ao rotor eólico e com inversor, é da empresa alemã Enercon. O gerador, desenvolvido na metade dos anos de 1990 para uma turbina de 500 kW, é uma máquina síncrona excitada eletricamente com 84 polos. Essa configuração tem sido adotada recentemente como uma alternativa à alternativa padrão, usando gerador de alta velocidade com caixa de engrenagem. Contudo, suas desvantagens não podem ser ignoradas. À medida que aumenta o tamanho da turbina, a dimensão de sua estrutura de montagem aumenta consideravelmente. Manter um adequado entreferro entre o rotor e o estator torna-se um problema, visto que o amplo diâmetro do estator faz com que este seja montado apenas por meio do uso de diversos segmentos de anéis. Além disso, não é simples refrigerar esse gerador. Com relação ao custo de manutenção, ainda é incerto se no longo prazo os aerogeradores de grande porte sem caixa de engrenagem serão competitivos com relação à configuração padrão (com caixa de engrenagem). Porém, sabe-se que a caixa de engrenagem é o componente da turbina mais sujeito à manutenção e ao ruído. A Figura 5.10 mostra uma configuração que em vez de usar caixa de engrenagem usa apenas um sistema de multiplicação do tipo planetário com baixa relação de multiplicação.

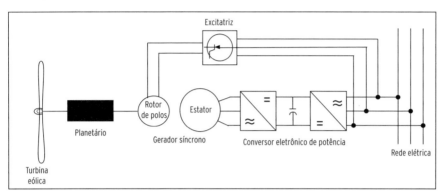

Figura 5.10: Gerador síncrono sem multiplicador de velocidade com excitação independente.

Fonte: Moraes (2004).

- *Gerador síncrono com ímã permanente*: em motores de pequeno porte, os ímãs permanentes são largamente utilizados. Em motores de maior porte, o alto custo específico dos materiais magnéticos, por exemplo, ferro neodímio ou outros materiais exóticos como cobalto, coloca essa tecnologia economicamente em desvantagem com relação aos projetos convencionais. Em princípio, ímãs permanentes podem ser utilizados em todos os tipos de máquinas elétricas. A grande vantagem está na não necessidade de fonte externa para excitação do campo e alta eficiência. A alta densidade de potência reduz a quantidade de massa para uma determinada potência, ou seja, a construção do gerador torna-se mais compacta. Porém, essas vantagens são balanceadas com a desvantagem de não ser possível controlar a tensão de saída via frequência de excitação. Porém, a maior desvantagem ainda está no custo dos ímãs permanentes e na sua complicada montagem. A Figura 5.11 mostra uma configuração de turbina eólica com gerador de ímã permanente acoplado diretamente no rotor eólico. A vantagem da sua construção compacta tem induzido as empresas fabricantes de aerogeradores a usarem geradores diretamente acoplados ao rotor eólico (sem caixa de engrenagem) com geradores multipolos de ímã permanente. Grande número de aerogeradores de pequeno porte utilizam gerador com ímãs permanentes. Experiências têm sido obtidas recentemente com essa tecnologia em aerogeradores de elevada potência. Alguns fabricantes já colocaram no mercado essa tecnologia. A desvantagem do baixo cosφ tem sido compensada por meio do uso de tecnologias mais complexas de inversores ou por meio de filtros especiais.

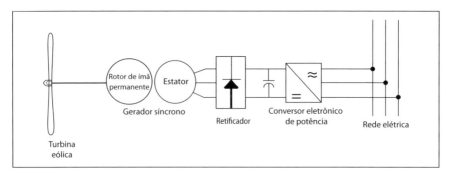

Figura 5.11: Turbina com gerador de ímã permanente acoplado ao rotor eólico.

Fonte: Moraes (2004).

SISTEMA ELÉTRICO PARA CONEXÃO DA TURBINA À REDE ELÉTRICA

Para conectar uma turbina ou central eólica à rede elétrica, uma série de outros equipamentos são necessários para fazer o acondicionamento da potência, a conexão e a desconexão da turbina na rede, a proteção dos equipamentos contra intempéries, as compensações para melhoria dos parâmetros que indicam a qualidade da energia entregue à rede, a medição dos parâmetros elétricos e do fluxo de energia, entre outras funções. A Figura 5.12 ilustra uma configuração de turbina eólica e sistema elétrico para conexão dessa na rede destacando os principais componentes.

Com relação à transferência de energia para a rede elétrica, pode-se diferenciá-los em:

- Sistemas com opções limitadas de suprimento que operam em redes isoladas ou fracas.
- Sistemas com ilimitada capacidade de conexão que operam em redes rígidas (fortes).

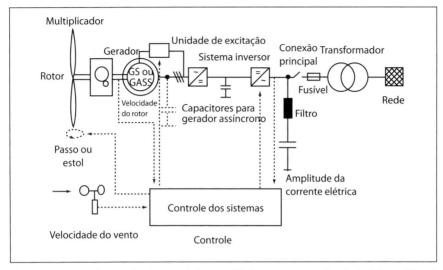

Figura 5.12: Configuração de um sistema elétrico para conexão de turbina eólica à rede elétrica.

Fonte: Dewi (2001).

Aerogeradores devem operar de forma confiável em ambas as áreas de aplicação (Fox, 2007).

Em virtude de sua alta capacidade (em comparação com os valores nominais de demanda dos consumidores conectados à ela), as redes denominadas de "fortes" podem ser consideradas tanto fontes infinitamente ricas de corrente ativa e reativa para equipamentos de baixo nível de suprimento de energia usualmente representados pelos aerogeradores, quanto um escoadouro de capacidade ilimitada com tensão e frequência constantes.

Diferentes das usinas termelétricas, os aerogeradores usualmente são instalados em áreas remotas, com opções limitadas de suprimento de energia. Portanto, a conexão em uma rede fraca é frequentemente realizada usando alimentadores terminais, que são algumas vezes longos. Em centrais eólicas de grande porte ou fazendas eólicas, o suprimento de potência pode alcançar o mesmo nível ou chegar perto do nível de transferência de potência da rede e, portanto, o seu impacto na rede não pode ser desconsiderado (Heir, 2006).

Diferenciando-os em parte em função do tipo de rede (fraca, forte, isolada) que será conectada à turbina, podemos destacar, conforme mostrado na Figura 5.12, como os principais componentes utilizados:

- Conversores: retificadores e inversores.
- Banco de capacitores.
- Filtros de harmônicas.
- Transformadores.
- Cabos de potência.
- Conversores para partida lenta (*soft starter*).
- Contatores.
- Disjuntores ou fusíveis.
- Chave para interrupção do circuito.
- Cargas elétricas da turbina.

Cada componente no circuito tem uma função específica e alguns podem ter mais de uma função. O texto que se segue apresenta um maior detalhamento desses componentes.

Sistema de acondicionamento da potência – conversores

Como já mencionado neste capítulo, recentemente tem havido uma tendência a substituição de aerogeradores simples e robustos, caracterizados principalmente por turbinas controladas por estol com geradores assíncronos conectados diretamente na rede elétrica, por turbinas mais caras. Máquinas assíncronas, sem caixa de engrenagens, rotor bobinado, com *link* CC (retificadores) e inversores autocomutados estão sendo preferidas.

O aumento da eficiência dos conversores, a despeito do seu custo ainda alto, mas decrescendo a cada ano, vem viabilizando o uso de aerogeradores de velocidade variável.

O conversor eletrônico ou conversor de potência é a solução mais comumente usada na conversão e controle da energia elétrica. Recentemente têm sido utilizados em grande escala, nos aerogeradores de velocidade variável, para ajustar a tensão e a frequência da turbina eólica à tensão e frequência da rede elétrica.

Os conversores de potência mais usados na conversão de energia são os denominados "indiretos". Consistem em um retificador, um *link* de tensão ou corrente CC constante e um inversor. O conversor com um *link* de corrente CC é chamado de conversor de corrente, e com um *link* de tensão CC constante de conversor de tensão. Em outras palavras, são usados para transformar potência elétrica de uma forma em outra, tais como CA para CC, CC para CA, uma voltagem em outra, ou uma frequência em outra.

Tecnologias utilizadas na fabricação dos conversores

As válvulas conversoras de potência são os principais componentes da seção de potência de um conversor. Consistem de um ou mais semicondutores e conduzem a corrente elétrica em apenas uma direção. Essas válvulas, em geral, alternam periodicamente os estados eletricamente condutivos e não condutivos e, portanto, funcionam como chaves. Como não há nenhum contato mecânico a ser operado, elas podem iniciar e interromper a condução de corrente muito rápido (isso é, em uma faixa de microssegundos).

Os conversores de potência podem ser controláveis ou não controláveis. Os não controláveis (diodos, por exemplo) conduzem em uma direção e bloqueiam na direção inversa. As válvulas controláveis permitem a seleção do momento no qual a condutividade inicia. Tiristores podem ser chaveados nas suas portas (*gates*) e bloqueados se a direção da corrente é invertida. Tiristores chaveados e transistores, por outro lado, podem ser ligados (disparados) por uma porta e desligados pela mesma porta ou por outra.

- *Diodo semicondutor*: consiste em um material semicondutor dopado em camadas, uma eletricamente positiva (p) e outra eletricamente negativa (n), com uma barreira entre as camadas que assegura que a corrente só poderá fluir em uma direção. Se a direção da corrente e tensão é invertida, o diodo passa a ser um elemento não condutivo e bloqueia o fluxo de corrente.
- *Tiristores*: são componentes semicondutores com quatro diferentes (p e n) camadas dopadas. Tiristores convencionais, *gate turn-off* (GTO), *metal oxide*

semiconductor controlled tyiristor (MCT) e *integrated gate commutated transistor* (IGCT), são os principais tipos usados em conversores. Os tiristores, diferentemente dos diodos, não entram automaticamente no estado de condução quando é aplicada uma tensão positiva entre o ânodo-cátodo. A transição entre o estado bloqueado e o estado de condução é iniciada quando se aplica um pulso de corrente na sua porta (*gate*), chamado de disparo do tiristor. Uma vez disparados, eles funcionam como diodos. Eles permanecem no estado de condução enquanto a corrente fluir na direção positiva e não cair abaixo de um valor mínimo. Se o tiristor está no seu estado bloqueado, ele pode ser disparado por um novo pulso de corrente ou uma sequência periódica de pulsos de corrente na sua porta (*gate*). Em tiristores convencionais, não é possível interromper o fluxo de corrente agindo na sua porta. Em tiristores chaveáveis isso é permitido.

- *Transistores*: são componentes semicondutores com três diferentes (p e n) camadas dopadas. Os mais comuns são os transistores bipolares (BPTs), os de metal óxido de efeito de campo (MOSFETs), e *integrated gate bipolar transistores* (IGBTs). Os transistores funcionam exclusivamente como válvulas. Os BPTs, em geral, são usados no modo emissor. Isso permite atingir um alto nível de amplificação de potência. Os MOSFETs são controlados com correntes menores, podem ser chaveados quase sem potência pelo controle de tensão na porta (*gate*). Os IGBTs combinam as vantagens características dos MOSFETs e BPTs. O transistor de efeito de campo no controle da entrada facilita o rápido chaveamento com pouca potência. IGBTs automaticamente limitam o aumento na corrente de saída.

Conversor - retificador

São equipamentos que convertem CA em CC. Podem ser usados em: 1) carregamento de baterias em sistemas eólicos de pequeno porte; 2) como parte de um sistema eólico de velocidade variável.

O retificador mais simples utiliza uma ponte de diodo para converter a tensão ou a corrente CA flutuante em tensão ou corrente CC. Um exemplo de tal retificador é mostrado na Figura 5.13. Nesse retificador, a entrada é composta por uma potência CA de três fases; a saída é CC.

A Figura 5.14 ilustra a tensão CC que poderia ser produzida com um suprimento trifásico com 480 V, usando o tipo de retificador mostrado na Figura 5.13. Verifica-se uma pequena oscilação na tensão CC de saída, que pode ser corrigida usando filtros que serão discutidos mais adiante.

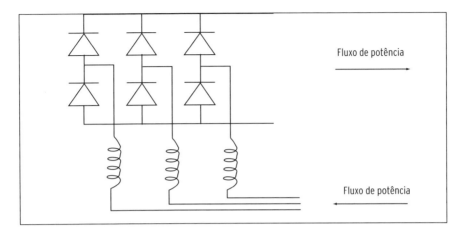

Figura 5.13: Retificador com suprimento de potência trifásico usando diodo.
Fonte: Manwell et al. (2004).

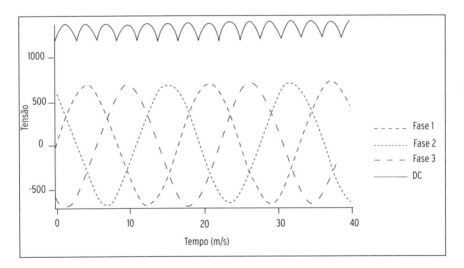

Figura 5.14: Tensão CC de um retificador trifásico a diodo.
Fonte: Manwell et al. (2004).

Conversor - inversor

Tem a função de converter uma tensão/corrente CC em CA. Como exemplo de aplicação: converter de CC para CA a tensão de uma bateria em sistemas eólicos isolados ou a tensão de uma ponte retificadora em uma turbina de velocidade variável. Há dois tipos básicos de inversores: os autocomutados e os comutados pela rede elétrica (Manwell et al., 2004).

Inversores que são conectados a uma rede CA e que recebem da rede sinal de comutação ou chaveamento são denominados inversores comutados pela rede. A Figura 5.15 ilustra uma ponte de tiristores, como a utilizada em um inversor trifásico simples comutado pela rede. O tempo de chaveamento dos elementos do circuito é externamente controlado e a corrente flui da fonte CC para a rede trifásica CA.

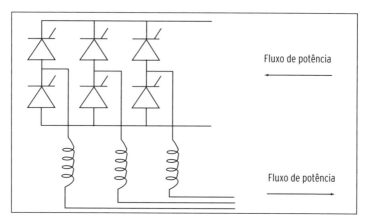

Figura 5.15: Inversor comutado pela rede usando tiristores.
Fonte: Manwell et al. (2004).

Os inversores autocomutados não necessitam ser conectados a uma rede CA. Portanto, podem ser usados em aplicações autônomas. São mais caros do que os comutados pela rede elétrica.

Os conversores eletrônicos, enquanto elementos de chaveamento, provocam harmônicas de tensão e corrente que são injetadas na rede elétrica. Harmônicas são tensões ou correntes cuja frequência é um múltiplo inteiro da frequência fundamental da rede. As distorções harmônicas referem-se ao efeito causado na forma de onda senoidal por formas de onda não senoidais de corrente ou tensão de alta frequência, resultante da operação de chaveamento dos conversores. Na geração eólica, as distorções harmônicas são causadas pelos inversores, mas também as harmônicas presentes na rede elétrica podem ter outras causas, tais como o acionamento de motores industriais, o uso dos eletrodomésticos e reatores de lâmpadas fluorescentes, entre outros. As harmônicas são caracterizadas frequentemente por uma medida da distorção harmônica total (THD), que representa a relação entre a energia total contida nas formas de onda de todas as frequências harmônicas e a energia contida na forma de onda da frequência fundamental. Quanto maior o THD, pior a forma de onda. A Figura 5.16 mostra um exemplo de distorção harmônica.

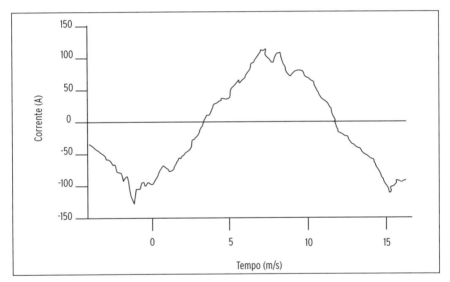

Figura 5.16: Exemplo de distorção harmônica.
Fonte: Manwell et al. (2004).

Visto que as formas de onda de tensão e corrente na saída dos conversores por mais qualidade que tenham, não são puras, ou seja, são distorcidas, há a necessidade de se usar um equipamento adicional no sistema denominado filtro de harmônicas. Este filtro tem a função de reduzir os efeitos adversos causados pelas harmônicas. Existe uma variedade de tipos de filtros que são empregados dependendo da aplicação. Em geral, um filtro de tensão CA inclui impedâncias em série e paralelas, normalmente constituídas de indutores e capacitores, conforme ilustrado na Figura 5.17. Na figura, a tensão de entrada no filtro é V_1 e a de saída é V_2. Um filtro de tensão ideal resulta em uma baixa redução da tensão fundamental e alta redução de todas as harmônicas (Dugan, 2004).

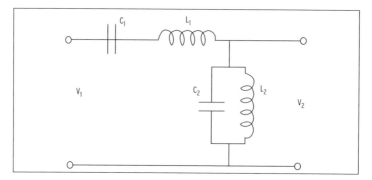

Figura 5.17: Filtro ressonante série-paralelo; C_1 e L_1 – capacitância e indutância em série; C_2 e L_2, capacitância e indutância em paralelo.

Fonte: Manwell et al. (2004).

Demais equipamentos para conexão da turbina à rede elétrica

Os demais equipamentos necessários para conexão da(s) turbina(s) eólica(s) na rede elétrica possuem as funções básicas de: conectar e desconectar a turbina da rede, proteger o sistema como um todo contra intempéries (sobretensões, curtos-circuitos, descargas atmosféricas etc.), isolar o sistema para manutenção e realizar correções nos parâmetros que indicam a qualidade da energia ofertada, a exemplo dos filtros de harmônicos citados, entre outras.

A proteção da rede envolve medidas para proteger contra correntes excessivamente altas e tensões em níveis que poderiam danificar os componentes e equipamentos.

Os aerogeradores integrados às redes de distribuição podem prejudicar a operação dos fusíveis (sobretensões), dificultar a coordenação da reconexão dos equipamentos, causar operação isolada indesejável, no caso do autorreligamento ou falha da rede e, portanto, colocar antecipadamente equipamentos de segurança operacional fora de ação. A seguir, uma descrição breve dos principais equipamentos utilizados:

- *Disjuntores, fusíveis, reles, sensores*: são equipamentos de proteção, necessários para abrir a conexão do gerador da rede elétrica na ocorrência de elevadas correntes, ocasionadas por sobrecargas ou por curtos-circuitos que possam ter origem tanto no gerador quanto na rede. Uma central eólica deve também ser desconectada da rede no caso de haver uma variação da frequência fora dos limites permitidos devido a uma falha na rede ou perda total ou parcial de uma das fases da rede trifásica. Os sensores (corrente, tensão) têm a função de detectar problemas nas condições de funcionamento. A saída desses sensores controla a operação de outros equipamentos, tais como reles, chaves magnéticas ou eletrônicas, que têm a função de atuar no circuito de forma rápida e coordenada para isolar o problema e permitir o retorno da operação normal somente quando o problema for corrigido. Os disjuntores abrem o circuito na passagem de uma corrente acima da normal e são religados após a correção da falha. Depois de atuados, os fusíveis precisam ser substituídos.
- *Componentes de partida*: o uso de geradores de indução em aerogeradores gera a necessidade de se acrescentar ao sistema componentes que permitam reduzir a corrente de partida, ou seja, a corrente que aparece no instante em que a turbina eólica é conectada na rede elétrica. Essa corrente chega a atingir níveis próximos a dez vezes a corrente que circula em operação normal (em regime). Essa corrente excessiva pode provocar falhas prematuras nos enrolamentos dos geradores e como também queda de tensão na rede. A aceleração rápida da turbina (do sistema de transmissão) pode provocar fadiga nos componentes. Em redes isoladas com limitado suprimento de potência reativa pode não ser possível dar a partida em uma máquina de grande porte. Os equipamentos utilizados para reduzir a corrente de partida são de diversas formas. Em geral, em aerogeradores são utilizados conversores eletrônicos.
- *Contatores*: o contator principal é uma chave que conecta os cabos do gerador à rede elétrica. Quando um equipamento de controle da corrente de partida é usado, o contator pode estar integrado a ele. Quando usado separado, permite a passagem da potência por ele somente quando a turbina eólica atinge a velocidade de operação. Nesse instante, o equipamento de redução da corrente de partida deve ser simultaneamente desconectado do circuito.
- *Cabos de potência:* cabos trifásicos (normalmente a quatro fios) devidamente dimensionados para minimizar perdas de potência e quedas de tensão. Conduzem a corrente gerada por meio dos equipamentos auxiliares até a subestação. São deixados frouxos para evitar que sejam enrolados pelo giro da nacele.
- *Transformadores*: são equipamentos usados para conectar o gerador elétrico em circuitos ou redes com diferentes níveis de tensão. Normalmente os trans-

formadores possuem um controle automático de tensão para manter a tensão do sistema no valor desejável. A maioria dos aerogeradores possui pelo menos um transformador para elevar o nível da tensão de geração ao nível da tensão da rede na qual irá se conectar. Outros transformadores podem ser usados para rebaixar a tensão em níveis necessários para alimentar os equipamentos auxiliares (lâmpadas, sistema de monitoramento e controle, compressores etc.). Os transformadores são dimensionados em termos da potência aparente (kVA) e nível de tensão de transformação, este último dependente do nível de tensão do gerador elétrico (690 V, 6 kV – função da potência da turbina) e da rede elétrica, que pode ser uma rede de distribuição de energia (13,8 kV, 69 kV, entre outros níveis) ou rede de transmissão (acima de 138 kV), dependendo da potência instalada da central eólica.

- *Banco de capacitores*: é empregado frequentemente para corrigir o fator de potência do gerador quando visto pela rede, ou seja, suprir energia reativa a um gerador de indução, em uma turbina de velocidade fixa. Dessa forma, a energia reativa absorvida da rede fica minimizada. O banco de capacitores normalmente é instalado na base da torre ou dentro da nacele.

- *Aterramento*: os aerogeradores ou centrais eólicas e subestações necessitam de sistemas de aterramento para proteger o equipamento contra descargas atmosféricas e curto-circuito para terra. Oferece um caminho de baixa impedância para terra para as altas correntes.

Interação da turbina eólica com a rede elétrica

A operação de aerogeradores resulta em flutuações nos níveis da potência ativa e reativa e pode resultar em tensões e correntes transitórias ou tensões e correntes harmônicas.

Os aerogeradores, especialmente os de velocidade fixa – acoplados diretamente na rede elétrica –, em geral, usam geradores de indução, os quais fornecem potência ativa (P) ao sistema e absorvem potência reativa (Q) do sistema. A relação entre a potência ativa e reativa é uma função do projeto do gerador e da potência que está sendo produzida. Ambas as potências, ativa e reativa, permanecem em constante flutuação durante a operação da turbina. Flutuações de baixa frequência da potência ativa ocorrem quando a velocidade média do vento se altera. A potência reativa necessária é aproximadamente constante ou aumenta ligeiramente sobre uma faixa de operação do gerador de indução. Portanto, flutuações de baixa frequência da potência reativa são usualmente menores que as flutuações de baixa frequência da potência ativa. Flutuações de frequência mais elevadas da potência ativa e reativa ocorrem como resultado da turbulência do vento, efeitos de sombreamento da torre (*tower shadow*) e efeitos dinâmicos resultantes de vibrações no sistema de transmissão (*drive train*), torre e pás.

Aerogeradores que utilizam geradores síncronos operam de maneira diferente dos geradores de indução. Quando conectados a uma rede elétrica de alta potência com uma tensão constante, a excitação do campo dos geradores síncronos nos aerogeradores pode ser usada para alterar o fator de potência e controlar a potência reativa, se necessário.

Aerogeradores de velocidade variável usualmente possuem um conversor eletrônico entre o gerador e a rede. Esse sistema normalmente pode controlar ambos fator de potência e tensão da potência gerada. Os conversores eletrônicos de potência conectados aos geradores de indução da turbina também necessitam supri-la com potência reativa. Isso é feito por meio da circulação de uma corrente reativa através da bobina do gerador para manter o campo magnético no gerador. Os componentes do conversor conectados à rede podem, usualmente, fornecer corrente à rede elétrica em qualquer fator de potência desejado.

Quando geradores são conectados ou desligados de uma fonte de potência, flutuações de tensão e correntes transitórias podem ocorrer. Ao conectar um gerador de indução na rede, uma alta corrente momentânea aparece enquanto o campo magnético é produzido. Ainda, se o gerador é usado para acelerar o rotor para velocidades fora da velocidade síncrona (operação com alto escorregamento), correntes significativas podem acontecer. Essas correntes elevadas não podem ser eliminadas, mas podem ser limitadas com o uso, como já mencionado, de dispositivos (*soft-start*) que limitam a corrente do gerador. Quando geradores de indução são desconectados da rede, picos de corrente podem ocorrer à medida que o campo magnético decai. Geradores síncronos, ao contrário, geralmente não possuem dispositivos para controle da corrente de partida. Normalmente eles devem ser acelerados até a velocidade de operação pelo rotor da turbina antes de serem conectados à rede elétrica. Contudo, tensões transitórias podem ainda ocorrer na conexão e retirada da turbina à medida que o campo do estator é energizado e desenergizado.

Por um lado, a introdução de aerogeradores na rede de distribuição pode, por vezes, conduzir a problemas que limitam a magnitude da potência que pode ser conectada à rede. Por outro lado, dependendo das condições de operação dos aerogeradores e da rede, a introdução dos aerogeradores pode ajudar a manter e estabilizar a rede local. A interação do aerogerador com a rede elétrica depende do conhecimento dos aerogeradores em consideração e da rede elétrica na qual os aerogeradores serão conectados. Questões relativas à interconexão incluem problemas com estado constante dos níveis de tensão, cintilações de tensão (*flicker*), harmônicas e operação em ilha que estão detalhados a seguir.

Estado constante das tensões

Alterações na potência média e potência reativa de uma turbina ou uma central eólica (muitas turbinas) podem causar variações da tensão no ponto de conexão com a rede elétrica. Essas alterações de tensão podem durar vários segundos. A relação X/R do sistema de distribuição/transmissão e das características operacionais do gerador (quantidade de potência ativa e reativa nos níveis operacionais típicos) determina a magnitude das flutuações de tensão. Tem sido verificado que uma relação X/R de aproximadamente 2 resulta nas mais baixas flutuações de tensão com aerogeradores de velocidade fixa usando geradores de indução. A relação X/R está em uma faixa típica de 0,5 a 10.

Quanto mais fraca for a rede, maiores as flutuações de tensão. Redes fracas que podem causar interações turbina-rede problemáticas são aquelas nas quais a potência nominal da turbina eólica é uma fração considerável do nível de falta do sistema. Estudos sugerem que problemas com flutuações de tensão diferem para aerogeradores com potência na ordem de 4% do nível de falta do sistema.

Frequentemente, capacitores para correção do fator de potência são instalados na conexão da rede para reduzir a necessidade de potência reativa da turbina, bem como as flutuações de tensão do sistema. Capacitores para correção do fator de potência devem ser escolhidos cuidadosamente para evitar a autoexcitação do gerador. Isso ocorre quando os capacitores são capazes de suprir todas as necessidades de potência reativa do gerador quando este se desconecta da rede. Nesse caso, o circuito capacitivo-indutivo, que consiste em capacitores para correção do fator de potência e bobinas do gerador, pode entrar em ressonância, suprindo potência reativa para o gerador e resultando possivelmente em tensões muito altas.

Cintilações de tensão (flicker)

São definidas como distúrbios causados à tensão da rede, que ocorrem mais rapidamente do que as mudanças no estado constante da tensão e que são rápidos e de magnitude tal que permitem que o olho humano os perceba por meio das alterações no brilho das luzes. Esses distúrbios podem ser causados pela conexão e desconexão das turbinas, transferência de geradores em aerogeradores de duplo geradores e pelas flutuações de torque em aerogeradores de velocidade fixa resultantes da turbulência dos ventos, perfil vertical do vento (*wind shear*), efeitos de sombreamento (*tower shadow*) e mudanças de passo das pás. O olho humano possui sensibilidade a variações de brilho em frequências em torno de 10 Hz. A frequência de passagem das pás em aerogeradores de grande porte é usualmente próxima a 1-2 Hz ou menos, mas mesmo nessas frequências o olho humano detecta variações de tensão de +/- 0,5%. A magnitude das cintilações de tensão em função da turbulência dos ventos depende das características de rampa da potência ativa *versus* a potência reativa do gerador, das características de rampa da potência *versus* velocidade do vento da turbina e da velocidade do vento e intensidade de turbulência. Cintilações na tensão, em geral, são menos problemáticas em turbinas controladas por estol do que turbinas com controle de passo. Sistemas de velocidade variável com conversor eletrônico usualmente não impõem flutuações rápidas de tensão na rede, mas podem causar cintilações quando os aerogeradores são conectados e desconectados. As cintilações de tensão não danificam os equipamentos conectados na rede, mas em redes fracas nas quais as flutuações de tensão são maiores, elas podem causar incômodos aos consumidores. Vários países possuem padrões para quantificar as cintilações e os limites permissíveis para as cintilações e alterações na tensão.

Harmônicas

Como já mencionado neste capítulo, os conversores eletrônicos introduzem nas redes correntes e tensões senoidais em frequências que são múltiplos da frequência da rede. Em função dos problemas associados com harmônicas, as concessionárias limitam as harmônicas que podem ser introduzidas nas suas redes pelas plantas geradoras de eletricidade, a exemplo dos aerogeradores. Como já descrito, outros equipamentos podem também injetar harmônicas na rede, tais como retificadores e inversores de frequência usados em indústrias para acionamento de motores e reatores de lâmpadas fluorescentes, entre outros. Os efeitos das harmônicas nos equipamentos de uso final incluem sobreaquecimento e falha dos equipamentos, defeitos na operação dos equipamentos de proteção e interferência com circuitos de comunicação, entre outros.

Aerogeradores de velocidade fixa não causam harmônicas significantes. A norma IEC 61400-21 não inclui nenhuma especificação de harmônicas para esse tipo de turbina. Para aerogeradores de velocidade variável, equipados com conversores, a emissão de harmônicas de correntes durante a operação contínua deve ser especificada. A emissão de harmônicas individuais para frequências até 50 vezes a frequência fundamental da rede deve ser especificada, bem como a distorção harmônica total.

Operação em ilha

A operação em ilha refere-se ao isolamento de uma seção da rede elétrica, que pode funcionar de forma independente, por meio da atuação dos equipamentos de proteção quando há ocorrência de alguma condição de falta no sistema. Os equipamentos de proteção da turbina ou da central eólica no ponto de conexão com a rede devem desligar os geradores na condição de ocorrência de sobrecarga, sobre ou subtensão, ou sobre ou subfrequência. Todavia, se a carga e a geração estão razoavelmente casadas e a fonte de excitação está disponível, a operação em ilha pode persistir por algum período, não detectada pelos equipamentos usuais de proteção da rede. A excitação independente de geradores e motores em sistemas em ilha pode ocorrer como resultado da autoexcitação provocada pelo banco de capacitores responsável pela correção do fator de potência ou pela ressonância com outros equipamentos do sistema ilhado. Embora o risco de operação em ilha seja normalmente baixo, ele pode contribuir com a corrente de falta da rede, pondo em risco o pessoal de manutenção e causando problemas de sincronização ao reconectar o trecho de rede em ilha à rede principal. Sensores no ponto de conexão devem ser capazes de detectar os transitórios que ocorrem na transição para uma condição em ilha e desligar os geradores.

EXERCÍCIOS

1. A curva de potência de um aerogerador possui três regiões distintas. Descreva o funcionamento de um aerogerador de velocidade variável com base na sua curva de potência.
2. Apresente uma explicação de como é feito o controle do torque elétrico (do gerador) e torque aerodinâmico de um aerogerador para turbinas de velocidade fixa e velocidade variável, relacionando os parâmetros controláveis da máquina.
3. Monte um comparativo, apresentando vantagens e desvantagens, levando em conta aspectos técnicos, econômicos e estruturais entre o uso de gerador de indução duplamente alimentado e o gerador de indução com rotor de gaiola na configuração de ligação destes à rede elétrica via estação conversora.
4. Descreva como é feito o controle da potência reativa nos diferentes tipos de aerogeradores utilizados.
5. Em um aerogerador, quais são as fontes causadoras de cintilações de tensão (*flicker*) e de que forma elas são eliminadas?
6. O uso de aerogeradores operando em velocidade variável tem aumentado nos últimos anos. Apresente, levando em conta aspectos técnicos e econômicos, as vantagens e desvantagens com relação aos aerogeradores que funcionam em velocidade fixa.

6 | Energia eólica: aplicações

INTRODUÇÃO

Os conceitos apresentados nos capítulos anteriores deste livro nos mostram que o tipo de aplicação das turbinas eólicas está ligado aos seguintes aspectos: uso da energia gerada, infraestrutura organizacional de suprimento de energia, operacionais e localização geográfica; esses itens caracterizam o leque das possíveis aplicações. Neste leque, a potência da turbina exerce um papel importante, pois turbinas eólicas de pequeno porte têm um campo de aplicação diferente das turbinas de grande porte.

Com o aumento da potência unitária das turbinas eólicas e a integração de várias turbinas para formação de um parque eólico de grande capacidade de potência, a aplicação da energia eólica não está mais limitada ao local onde a energia gerada será diretamente consumida. Com exceção ao uso da energia mecânica dos cata-ventos no bombeamento de água, a energia eólica hoje em dia é usada basicamente para geração de eletricidade. Essa aplicação significa possibilidades ilimitadas para o uso da energia dos ventos. A eletricidade pode ser transportada a longas distâncias e usada por inúmeras tecnologias de uso final.

O campo de aplicação se estende desde o uso da energia eólica para alimentar um equipamento específico em uma aplicação isolada, por exemplo, o bombeamento de água ou a alimentação de uma residência não conectada à rede de eletricidade, até a implantação de um parque eólico de grande porte, ou seja, um parque constituído de várias turbinas de elevadas potências interligado à rede de transmissão de energia. A energia eólica pode ser usada nas mais variadas formas e essas não são mutuamente exclusivas, ao contrário, proporcionam possibilidades alternativas.

As considerações relacionadas com a aplicação das turbinas eólicas também incluem os aspectos operacionais e de localização. A operação de turbinas eólicas em parques eólicos de grande porte, seja em instalações em terra (*onshore*), seja em instalações no mar (*offshore*), cria diferentes condições organizacionais e econômicas comparada com a operação de poucas turbinas distribuídas pelas redes de forma mais dispersa.

APLICAÇÕES AUTÔNOMAS

Como descrito no Capítulo 1, as primeiras aplicações da energia eólica na geração de eletricidade se deram em áreas remotas para atendimento de cargas isoladas, ou seja, residências e máquinas utilizadas na produção e beneficiamentos de produtos agrícolas nas fazendas. Tanto nos Estados Unidos como em outros países da Europa e Ásia, turbina de pequeno porte associada a um banco de baterias era uma boa e única alternativa em locais onde não era economicamente viável estender a rede elétrica.

Nos dias atuais, em locais remotos onde a extensão da rede elétrica convencional ainda é uma alternativa cara, fontes autônomas de energia, a exemplo de um pequeno aerogerador associado à um banco de baterias, apesar do custo elevado, constitui-se em outra alternativa.

O uso de turbinas para alimentar cargas isoladas se depara com algumas questões:

- Consumo de energia em corrente alternada (CA): o uso de um pequeno aerogerador com inversor é uma solução mais custosa e complexa e que só se justifica se a extensão da rede for mais cara. O uso da energia em corrente contínua (CC), mesmo em áreas remotas, é menos utilizado, pois grande parte dos eletrodomésticos funciona em CA.
- Em virtude da natureza dos ventos, uma energia firme não pode ser suprida sem o uso de um sistema de armazenamento de energia. Em locais isolados existem algumas opções de armazenamento. Uma delas é usar a água como

fonte de armazenamento. Não sendo o caso, baterias elétricas, que também são caras, são usadas para garantir segurança no suprimento. Outra solução adotada é o suprimento por meio de um sistema híbrido, ou seja, sistema composto por mais de um tipo de fonte de energia, incluindo, na maioria dos casos, um gerador diesel como *back-up*.

- Suprimento limitado: tendo em vista a utilização de uma alternativa cara como, turbina, baterias e inversor, o fornecimento é limitado para atender as necessidades básicas essenciais. O consumidor tem que estar ciente e aceitar essa condição.

Suprimento autônomo de potência com armazenamento

Os anseios de um consumidor que está em uma área isolada não são diferentes do que habita em uma área urbana servida pela rede elétrica. Da mesma forma, ele quer ter toda a energia necessária no momento do consumo sem interrupção no fornecimento. Ao se utilizar apenas a energia eólica como fonte de energia, é imperativo o uso de um sistema de armazenamento de energia.

A necessidade de uso de sistema de armazenamento é um problema típico quando se usam fontes intermitentes de energia. Mesmo hoje em dia, todos os métodos usados para armazenar energia possuem uma capacidade limitada e as tecnologias ainda são caras. Existem vários métodos para se armazenar energia. Apresenta-se aqui com algum detalhe os mais discutidos e associados ao uso da energia eólica.

Armazenamento de energia mecânica

O aerogerador é uma máquina que, primeiramente, converte energia cinética em mecânica e depois converte essa energia mecânica em elétrica. Portanto, um dos meios de armazenar energia seria na forma mecânica.

Um dos métodos usados para armazenar energia na forma mecânica é por meio do uso de volantes de inércia, que são rodas pesadas acopladas ao eixo do grupo turbina-gerador (Figura 6.1). Com esse tipo de equipamento é possível armazenar grandes quantidades de energia mecânica. Volantes de inércia têm sido testados desde a década de 1980. Novas tecnologias, como os volantes de inércia com rotores de alta velocidade feitos de um material composto de fibra de vidro reforçada, suspensa magneticamente no vácuo e, portanto, girando virtualmente sem fricção, trouxeram muita esperança ao uso em maior escala dessa tecnologia. Volante de inércia com uma alta densidade de energia, capaz de absorver grandes quantidades de energia e armazená-la por longos períodos virtualmente sem perdas são, portanto, tecnologicamente factíveis. Todavia, a implementação técnica dessa tecnologia provou que as dificuldades são maiores que o esperado, e tal fato efetivamente remove essa possibilidade de considerações atuais.

Em contraste, volantes de inércia com projeto convencional, feitos de aço e com rolamentos convencionais, têm uma perda maior e, portanto, são inadequados para armazenamento de longo prazo. O acoplamento de volantes de inércia ao rotor eólico via sistema de transmissão mecânico que varia continuamente é tecnicamente factível, porém constitui-se em um sistema mais complexo e também sujeito a perdas. Essa situação é diferente quando o volante de inércia é usado como uma fonte de armazenamento de curto prazo para regular as variações da potência de um aerogerador.

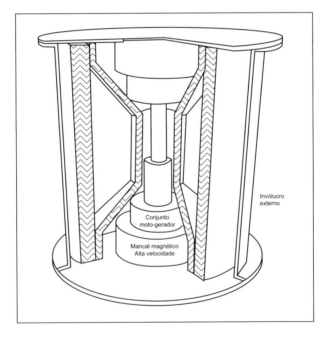

Figura 6.1: Foto ilustrativa de um volante de inércia.

Fonte: Patel (2006).

Armazenamento de energia elétrica

A segunda possibilidade que se tem é armazenar a energia elétrica gerada por um aerogerador em um banco de baterias. A despeito de suas inúmeras vantagens, ainda é um elemento crítico no sistema em função do seu preço e capacidade de armazenamento limitada. Se o custo não for um problema, as baterias têm a vantagem de serem modulares e múltiplas baterias podem ser arranjadas formando um banco com autonomia para vários dias. Em aplicações autônomas, as baterias utilizadas são de chumbo-ácido e níquel-cádmio. As de níquel-cádmio são mais eficientes e permitem uma elevada profundidade de descarga, porém, custam mais caro que as de chumbo-ácido. Baterias são inerentemente equipamentos CC, portanto, o uso delas para alimentar cargas CA requer o uso de inversor. Dependendo da aplicação do sistema, as baterias requerem um componente adicional conhecido como controlador de carga. Esse equipamento tem como função principal permitir o carregamento e a descarga do banco de baterias de forma eficiente, evitando que ela entre em sobrecarga ou subcarga. Essas duas condições de operação podem danificar a bateria e reduzir a sua vida útil. A Figura 6.2 apresenta uma configuração simplificada de um sistema eólico com banco de baterias para alimentação de cargas isoladas, destacando os componentes principais desse sistema.

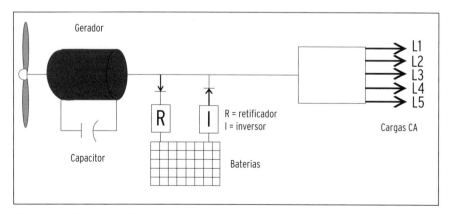

Figura 6.2: Sistema autônomo com aerogerador com armazenamento em baterias.
Fonte: Patel (2006).

Aplicações autônomas incluem: suprimento de casas, escolas, postos de saúde, estações repetidoras de sinal (telecomunicações) e cercas elétricas, entre outras.

Armazenamento em banco de baterias e uso de grupo-diesel como backup

Dependendo da demanda por energia, estar atrelado apenas às baterias para ter uma energia firme pode elevar o custo do sistema. Para tanto, é comum acrescentar ao sistema um grupo gerador diesel que funciona como energia de *backup*. Dessa forma, tem-se um armazenamento de energia também em forma de diesel. Para sistemas de maior potência, a configuração adotada requer, além do aerogerador, banco de baterias, inversor, grupo gerador diesel, um sistema de supervisão da geração e gerenciamento das cargas, o que torna o sistema mais complexo. No entanto, pode ser uma boa solução na substituição de sistemas puramente constituídos de grupos geradores a diesel. A Figura 6.3 representa um sistema autônomo típico com um aerogerador para atendimento de cargas de uma edificação.

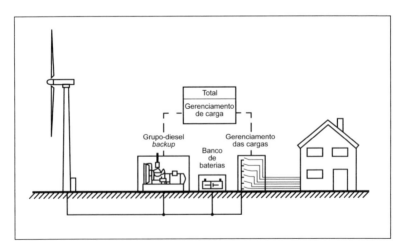

Figura 6.3: Sistema autônomo para suprimento de energia usando aerogerador, banco de baterias e grupo gerador diesel.

Fonte: Hau (2005).

Armazenamento de hidrogênio

A produção de hidrogênio via eletrólise da água é uma solução que vem ganhando destaque nesses últimos anos, pois está sendo vista por meio do seu uso em células a combustível como mais uma alternativa promissora tanto para geração de eletricidade como para uso em veículos automotores. Pesquisas têm sido conduzidas no sentido de usar a energia solar fotovoltaica e turbinas eólicas na produção de hidrogênio. O hidrogênio pode ser armazenado, o que permite o seu uso para suprimento de energia em uma forma mais contínua. No entanto, o custo de produção e armazenamento de hidrogênio por eletrólise ainda é alto, não justificando o seu uso em aplicações de maior escala (Arkermann, 2008).

Armazenamento hidráulico

O método mais antigo de armazenar energia é, ainda hoje, o que mais pode ser usado economicamente sob certas circunstâncias. A água armazenada em um reservatório oferece a melhor condição para armazenar o excedente de energia gerada por turbinas eólicas de forma econômica por um longo período.

Se a água é usada como um meio de armazenar energia, várias aplicações autônomas, tais como bombeamento de água para irrigação ou saneamento, dessalinização de água do mar ou água salobra, suprimento de energia a residências, entre outras podem funcionar de forma contínua. Aplicações de maior porte podem também ser viáveis se a topografia do local for favorável para se construir um reservatório que permita armazenar água de forma econômica sem maiores impactos ambientais. Esse tipo de esquema, turbinas eólicas com armazenamento hidráulico, quando viável, pode ser usado pelas concessionárias para suprimento de cargas no horário de pico do sistema elétrico, descarregando a água armazenada em uma turbina hidráulica. A Figura 6.4 mostra uma configuração de sistema para esse tipo de aplicação. O sistema consiste em uma bomba conectada ao eixo de saída de uma turbina eólica, que bombeia a água a partir de um reservatório no nível do solo até um reservatório colocado a uma determinada altura em relação ao primeiro. A energia potencial armazenada no reservatório superior é transformada em energia mecânica ao passar pela turbina hidráulica. A turbina eólica do sistema mostrado pode ser um cata-vento, sendo a energia elétrica gerada pelo sistema proveniente apenas do gerador elétrico conectado à turbina hidráulica. Também pode se usar um aerogerador que gera eletricidade para alimentar as cargas. O eventual excedente de energia gerada é utilizado para bombear água até o reservatório superior. A energia produzida através do gerador elétrico acoplado à turbina hidráulica irá complementar a energia elétrica produzida pelo aerogerador. Usando cata-vento ou aerogerador, a função do reservatório hidráulico é aumentar a autonomia do sistema.

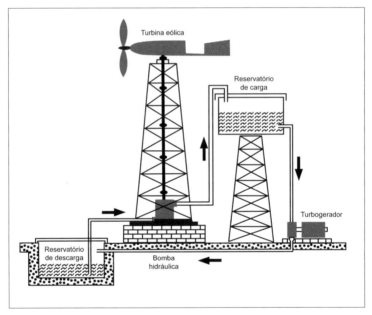

Figura 6.4: Esquema típico de suprimento de energia com turbinas eólicas usando um reservatório de água com armazenamento de energia.

Fonte: Farret (1999).

Bombeamento de água

O bombeamento de água é uma das mais antigas aplicações da energia eólica. Desde o século XIX até os dias atuais, cata-ventos, como são conhecidos, acoplados a bombas de pistão acionadas mecanicamente, têm se tornado um símbolo da utilização da energia eólica. Essa tecnologia é particularmente apropriada em áreas com velocidades moderadas de ventos e para o bombeamento de pequenas quantidades de água de grandes profundidades, principalmente para matar a sede de animais e pessoas. A Figura 6.5 mostra um modelo de cata-vento utilizado no bombeamento de água.

Figura 6.5: Cata-vento ou turbinas multipás utilizados no bombeamento de água.
Fonte: http://www.nagah.edu/image/centers/ERC/multi.jpg.

As tecnologias modernas usadas para irrigação de terras possuem diferentes requisitos, especialmente as usadas no setor agrícola em países em desenvolvimento. O uso de aerogeradores para alimentação de bombas elétricas tem se tornado cada vez mais atrativo, apesar dessa tecnologia ser bem menos simples que os tradicionais cata-ventos.

A princípio, uma turbina eólica opera combinada com uma bomba de pistão ou uma bomba centrífuga. As bombas de pistão têm eficiências elevadas em torno de 80 a 90%, mesmo em velocidades de rotação reduzidas. A eficiência de uma bomba centrífuga é menor, aproximadamente de 50 a 75%, e esta cai rapidamente com o decréscimo de velocidade. As características de bombeamento e, portanto, de consumo de potência relacionadas a velocidade também diferem consideravelmente. As bombas de pistão aumentam o volume do fluxo que é proporcional à velocidade de rotação e quase independente da altura, isto é, da profundidade do poço.

Uma comparação das características de operação dos dois tipos de bombas com a característica de potência de uma turbina eólica de alta velocidade mostra que as características de operação de uma bomba d'água podem ser mais facilmente casadas com as características de potência de um rotor eólico se a bomba usada for do tipo centrífuga. A Figura 6.6 apresenta uma configuração de sistema de bombeamento de água utilizando aerogerador.

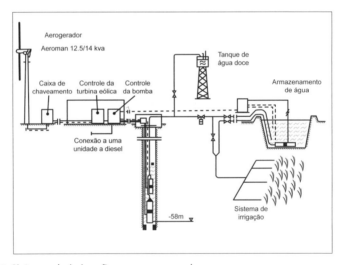

Figura 6.6: Sistema de irrigação com aerogerador.
Fonte: Hau (2005).

Dessalinização de água

Recentemente, especialistas têm comentado que a falta de água será um problema do futuro e irá se antecipar ao problema de falta de energia. Hoje, esse problema já é uma realidade em algumas regiões do planeta. A única solução será a dessalinização de água.

Esta já vem sendo feita há mais de um século. Primeiramente, ainda no século XIX, para consumo de água em embarcações. Mais tarde passou-se a dessalinizar água para consumo humano em plantas de dessalinização situadas em terra, principalmente em países do Oriente Médio e ilhas, regiões onde a disponibilidade de água doce é naturalmente menor.

Existem vários processos e tecnologias associadas para dessalinização de água. Os processos térmicos de destilação são os mais usados na dessalinização de água do mar. A energia específica requerida é largamente independente da concentração de sal. O processo requer, sobretudo, energia térmica. Atualmente, plantas de destilação, que usam o chamado processo de destilação instantânea por múltiplos estágios, com uma produção diária de água de 30.000 a 40.000 m^3 estão sendo construídas. A potência instalada necessária para essa capacidade de destilação é de aproximadamente 150 MW.

Ultimamente, métodos que se utilizam de membrana, como a eletrodiálise e a osmose reversa estão aumentando a sua aplicação (Dias, 2004). Com a disponibilidade de novos materiais para fabricação de membranas, a ênfase tem sido dada ao uso da osmose reversa. Baseia-se na diferente permeabilidade das membranas semipermeáveis para o sal e a água. A estrutura de uma planta de osmose reversa se apoia em uma célula osmótica. Um receptáculo contém a célula de água salgada e a célula de água fresca separadas por uma membrana (poliamida ou acetato celulósico). Água salgada é continuamente alimentada nessas células com uma pressão maior do que a pressão osmótica da solução salina. Parte da água difunde através da membrana para dentro da célula de água fresca e desta para um tanque de armazenamento. A concentração de sal que permanece é retirada da célula.

A energia requerida (praticamente toda energia necessária é proveniente de bombas elétricas ou mecânicas) aumenta com a concentração de sal da água do mar disponível. Por essa razão, esse método tem sido usado para dessalinizar água do mar com baixa concentração de sal. Com o uso de membranas modernas, todavia, pode-se produzir água para beber com um conteúdo de sal residual de 0,5 g para cada quilo de água mesmo com a água do mar com conteúdo de 35 g de sal por kg de água (Mar do Norte). A demanda de energia elétrica para essa concentração de sal é de 10 a 15 kWh para dessalinização de 1 m^3 de água salgada. No entanto, o processo de osmose reversa requer um pré-condicionamento extensivo para a água do mar. Partículas orgânicas suspensas e vários minerais devem ser filtrados para prevenir as membranas de entupimento prematuro.

A osmose reversa oferece condições favoráveis para ser operada em combinação com turbinas eólicas, à medida que a energia necessária para o bombeamento seja elétrica. A produção de água potável com um volume contínuo não é mandatória. Assim, turbinas eólicas constituem uma boa e promissora solução para serem usadas para dessalinizar água por meio de osmose reversa. Uma série de pequenas plantas de osmose reversa para teste e outras instalações maiores já está em uso em alguns países do Oriente Médio, Cabo Verde, Ilhas Canárias e Ilhas do Mar do Norte, entre outros (Dias, 2004). A Figura 6.7 mostra um esquema típico de uma unidade de dessalinização de água operada por um aerogerador.

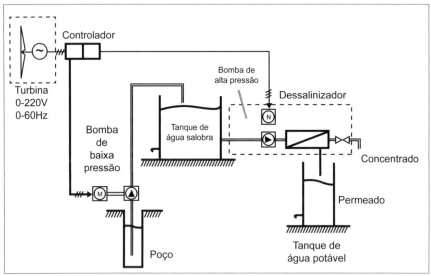

Figura 6.7: Aerogerador acionando uma unidade de dessalinização de água.
Fonte: Hau (2005).

O armazenamento de água no tanque de água salobra usando energia eólica pode ser feito usando cata-ventos ou aerogeradores. Uma comparação entre as duas tecnologias pode ser encontrada em Dias (2010).

MINIRREDES COM TURBINAS EÓLICAS E OUTRAS FONTES

Para suprimento de energia em áreas remotas, ilhas e regiões distantes das áreas servidas pelas redes elétricas convencionais de energia – em grande parte situadas em países em desenvolvimento, a exemplo de áreas isoladas da região amazônica –, a depender do consumo de energia e do quanto a população do povoado está dispersa (distância entre as residências), muitas vezes torna-se mais econômico atender a demanda por meio de uma minirrede elétrica, a qual pode ser alimentada por uma ou mais fontes de energia. A maioria das minirredes instaladas nas várias regiões são alimentadas unicamente por grupos geradores a diesel. No entanto, o suprimento desse combustível é caro e o transporte é difícil em algumas regiões, o que acaba deixando uma boa parte da população que habita esses locais sem energia ou com energia disponível em apenas poucas horas do dia. Em parte, esse problema vem sendo solucionado com o uso de minirredes formadas por um ou mais tipos de fontes de energia, em geral fontes renováveis de energia, a exemplo da solar fotovoltaica e eólica, e grupos geradores a diesel, este último sendo usado com uma participação menor no suprimento de energia ou como energia de *backup* (reserva). Dessa forma, minimiza-se o consumo do diesel. Essa é uma solução que se mostra economicamente viável em alguns casos, em substituição a um suprimento de energia com fontes individualizadas para cada consumidor. Assim, além de alimentar as residências, a energia da minirrede é usada para alimentar escolas, postos de saúde, unidades de dessalinização de água (se necessário), bem como máquinas utilizadas nas atividades agrícolas/pesqueiras, entre outras de subsistência da população local. Segundo normas internacionais, uma minirrede é definida como uma rede com potência até 100 kW. Um sistema híbrido é definido como um sistema de geração composto por mais de um tipo de fonte de energia. A Figura 6.8 mostra uma configuração simplificada de um sistema híbrido composto por painéis fotovoltaicos, aerogerador e banco de baterias.

Existem várias topologias de sistemas híbridos a depender do tipo de fontes utilizado e da natureza da energia fornecida, ou seja, se em tensão de alimentação CA, CC ou ambas. Cada qual tem vantagens e desvantagens relativas aos aspectos técnicos, econômicos e de confiabilidade do suprimento. A Figura 6.9 apresenta duas topologias ou arquiteturas de minirredes.

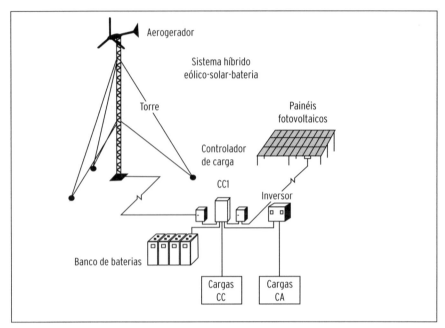

Figura 6.8: Sistema híbrido solar fotovoltaico-aerogerador-bateria.

Fonte: Cresesb (2010).

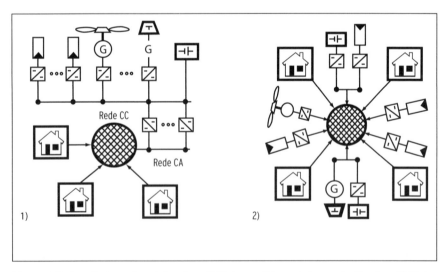

Figura 6.9: Arquitetura de minirrede – 1) Sistema CC modular centralizado e 2) Sistema CA modular distribuído.

Fonte: Vandenbergh (1999).

Minirredes com sistema híbrido são uma solução factível, no entanto, sua operação é mais complexa. Para que o sistema tenha um bom desempenho, possa aproveitar bem a complementaridade entre as fontes, minimizar o uso de gerador a diesel, reduzindo, portanto, custos operacionais, reduzir a necessidade de dissipação de energia (ou aproveitar o excesso de energia gerada), não provocar déficit de energia e não desperdiçar energia, um sistema supervisório deve ser instalado. A adição de complexidade ao sistema e equipamentos utilizados, em alguns casos, pode se tornar um problema em áreas remotas e de difícil acesso. Assim, a implantação desse sistema tem que vir acompanhada de um programa de gestão, que entre os vários aspectos que este deve considerar pode-se destacar: definição de quem irá manter o sistema, ou seja, supervisionar e tomar providências quando este apresentar defeitos, treinamento de pessoas locais, palestras de conscientização para a população para conhecimento das limitações quanto ao uso da fonte de energia e importância do uso eficiente da energia, por se tratar de um sistema caro.

A participação de minirredes com sistema híbridos vem aumentando nesses últimos anos em função da redução dos custos, aumento da confiabilidade e eficiência dos diversos equipamentos: turbinas eólicas, módulos fotovoltaicos, inversores e baterias, entre outros. Também, o relato das experiências internacionais bem e mal sucedidas tem permitido avaliar e corrigir os erros de gestão dos projetos. A Figura 6.10 mostra uma foto que ilustra um encontro e treinamento de usuários de minirrede com sistema híbrido na Amazônia, Brasil, e a Figura 6.11 mostra uma minirrede instalada em um lugar de difícil acesso. Trata-se do sistema híbrido solar-eólico instalado em Ladakh, uma região remota do Himalaia na Índia situado a uma altura de 4.364m. O sistema foi projetado para fornecer energia elétrica a 600 habitantes.

AEROGERADORES CONECTADOS À REDE DE TRANSMISSÃO DE GRANDE PORTE

Mais de 95% da potência eólica instalada mundialmente está conectada às redes elétricas de grande capacidade de potência divididas entre redes de distribuição (situadas mais próximas do centro de carga) e redes de transmissão de energia. A operação dos aerogeradores em uma rede de grande porte tem inúmeras vantagens importantes com respeito às características

Figura 6.10: Treinamento de usuários de minirrede instalada na Amazônia, Brasil.
Fonte: Zilles e Mocelin (2011).

Figura 6.11: Minirrede instalada com sistema híbrido solar-eólico em Ladakh, Himalaia, Índia.
Fonte: Deblon e Mitra (2008).

de geração dessa tecnologia. A potência gerada por uma turbina não precisa ser controlada de forma a acompanhar a demanda instantânea de potência de um consumidor específico. A variação da energia produzida pelo aerogerador é compensada pelas outras fontes conectadas à rede elétrica. Como já descrito em capítulos anteriores, a operação de aerogeradores operando em paralelo com a rede elétrica está tecnicamente solucionada, ou seja, possíveis perturbações na potência, frequência ou tensão são corrigidas por meio do sistema de controle dinâmico das máquinas, bem como por equipamentos adicionais ao sistema, ao contrário de aplicações autônomas cuja operação é bem mais complicada.

Geração distribuída com aerogeradores operados por consumidores privados

A operação de um único ou de poucos aerogeradores por um consumidor qualquer, seja comercial ou industrial, foi o primeiro campo de aplicação que alcançou *status* comercial. Inicialmente, foi na Dinamarca que, a partir de 1978, consumidores particulares, na grande maioria fazendeiros, pequenos negociantes e, nos anos mais recentes, também comunidades, têm comprado aerogeradores e colocado-os em operação conectados à rede pública de energia elétrica. Essa aplicação foi viabilizada pela legislação dinamarquesa e pelos altos subsídios aplicados inicialmente à geração de eletricidade. A experiência técnica existente na construção e operação de pequenos aerogeradores na Dinamarca também foi decisiva.

A partir de 1990, aerogeradores começaram a se disseminar também em larga aplicação em outros países. Destaca-se a Alemanha, com aerogeradores conectados às linhas de transmissão por todo país. A chamada *Law Concerning the Infeeding of Power from Regenerative Energy Sources* (Lei de incentivo às fontes renováveis), desde 1990, criou uma base confiável para pagamento da potência gerada por aerogeradores. Hoje, existem mais de 15.000 aerogeradores em operação na Alemanha com geração distribuída ou centralizada em parques eólicos conectados às redes de transmissão. Desenvolvimentos similares também foram realizados um pouco mais tarde em vários outros países da Europa, tais como Inglaterra, Holanda e Espanha. Dependendo das condições geográficas, os aerogeradores são usados em maior escala na construção de parques eólicos de grande porte, como os da Espanha, ou em instalações menores em grupos relativamente pequenos.

A geração de forma distribuída é uma tendência mundial. Ela pode ser definida como fontes de geração de energia de menores capacidades de potência distribuídas nas redes de distribuição, redes que se localizam mais próximas dos pontos de consumo. Tem inúmeras vantagens com relação à geração centralizada, tais como: menores tempos de maturação, menores investimentos, menores impactos ambientais e redução de perdas nas linhas, entre outras. A geração eólica se encaixa perfeitamente no conceito de geração distribuída. As instalações são relativamente simples do ponto de vista técnico. Os aerogeradores operam quase que exclusivamente em paralelo com a rede elétrica.

Inicialmente, instalações individuais que usam turbinas de pequeno porte podiam se conectar à rede de várias formas. Hoje, a potência gerada por essas turbinas é entregue à rede via medidor, da mesma forma que é feito em grandes parques eólicos. O consumidor continua mantendo a sua conexão regular com a rede por meio do medidor existente. O pagamento pela energia é feito com base em medidores separados, um que mede a energia consumida da rede pelo consumidor e outro que mede a energia entregue à rede pelo aerogerador pertencente ao consumidor. A figura 6.12 ilustra um sistema simplificado de geração própria com aerogerador conectado à rede de distribuição.

Atualmente existem vários países que possuem leis que regulamentam a conexão desses consumidores/geradores de pequeno porte à rede elétrica. Trata-se de uma geração distribuída dispersa conectada a redes primárias e secundárias com níveis de tensão, a depender do tipo e porte do consumidor (industrial, comercial, residencial etc.). O interesse crescente pela geração distribuída e, particularmente, pelos aerogeradores por parte dos consumidores que habitam áreas urbanas, seja com o objetivo de baixar a sua conta de energia, seja pela consciência ambiental, tem despertado o interesse de pesquisadores no desenvolvimento de aerogeradores que melhor se adaptem às condições de vento de áreas urbanas extremamente adensadas e às edificações. A Figura 6.13 ilustra vários modelos já desenvolvidos, alguns em testes, outros já instalados em edificações, bem como ilustrações de aerogeradores instalados próximas às áreas urbanas.

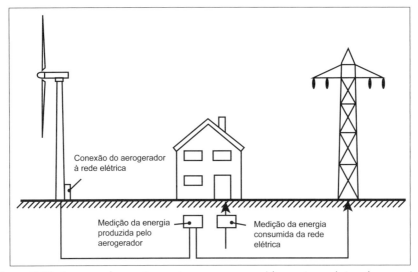

Figura 6.12: Aerogerador pertencente a um consumidor, autoprodutor de energia, conectado à rede elétrica.

Fonte: Hau (2005).

Figura 6.13: Ilustração de vários modelos de aerogeradores usados em áreas urbanas.

Fontes: http://www.homeenergytaxbreaks.com; http://images2.just_landed.com; http://www.solareenergyhome2.com; http://inhabitat.com; http://cdn.venturebeat.com; http://concretemachinery.co.cc.

O interesse crescente pelo uso de fontes renováveis de energia em edificações, como estratégia para redução do consumo de energia de fontes convencionais não renováveis interligadas às redes elétricas públicas, é retratado pelas inúmeras instalações existentes, entre elas as que utilizam aerogeradores, em Parker (2009).

Centrais eólicas de grande capacidade de potência conectadas às redes de transmissão e distribuição

Mesmo considerando o aerogerador com a mais alta potência unitária existente no mercado atual, essa potência é muito pequena comparada à potência de uma unidade geradora convencional, a exemplo de uma usina termelétrica ou hidrelétrica.

Como descrito no item anterior, a geração distribuída tem várias vantagens, porém existem regiões em que o potencial eólico que justifique a instalação de aerogeradores está restrito a áreas mais afastadas, ou seja, longe dos pontos de consumo, o que cria a necessidade de construir plantas geradoras centralizadas e de maior potência bem como linhas de transmissão para conectar a geração à rede elétrica existente.

A concentração de várias turbinas em uma mesma área tem vantagens técnicas e econômicas. Do ponto de vista econômico, o custo de instalação por unidade de potência instalada (R$/kW) é menor quando se instala um grande número de turbinas mais próximas umas das outras.

Um aspecto adicional está no custo de conexão com a rede elétrica. A instalação em locais onde a distância até o ponto de conexão é longa só se justifica com uma planta de grande porte.

Em 1982, a primeira central eólica de grande porte foi instalada no estado de Califórnia, nos Estados Unidos. Inicialmente essa planta era composta por turbinas relativamente pequenas, com potência entre 20 e 100 kW, a maioria de fabricação americana. As turbinas eólicas dinamarquesas logo em seguida atingiram um desenvolvimento tal que em poucos anos as fazendas eólicas americanas passaram também a usar e importar as turbinas da Dinamarca. Os investimentos nos Estados Unidos caíram pela metade nos anos de 1985/1986, quando os incentivos nesse país praticamente desapareceram.

Na Europa, foram os dinamarqueses que iniciaram a implantação das fazendas eólicas, embora em menor escala. Em razão do pouco espaço existente no país, os desenvolvimentos adicionais têm sido recentemente retardados.

Na Alemanha, a introdução da lei denominada *Law Concerning Power Infeeding*, em 1990, criou a pré-condição para a construção de grandes parques eólicos. A utilização da energia eólica na Alemanha tem sido baseada no uso de turbinas de grande porte desde o começo. A Figura 6.14 ilustra uma das centrais eólicas de grande porte instaladas na Alemanha.

Figura 6.14: Central eólica Altenheerse, na Alemanha, com turbina Fuhrländer.
Fonte: Hau (2005).

Embora nos anos iniciais os aerogeradores tenham sido instalados, em sua grande maioria próximos a regiões costeiras, recentemente, regiões situadas no interior do país se abriram também para instalação dos parques eólicos. Hoje, fazendas eólicas com potências na ordem de centenas de MW estão instaladas em vários países, fornecendo energia, em conjunto com as fontes tradicionais, às redes elétricas de transmissão de energia. Na Europa, estão presentes principalmente na Espanha e Alemanha, entre outros países em menor escala. O termo parque eólico ou fazenda eólica denota a concentração de várias turbinas em um mesmo local, interligadas eletricamente, injetando energia no mesmo ponto da rede elétrica. Sua distribuição espacial é feita com base em estudos técnicos e econômicos, considerando aspectos tais como: maximização da energia coletada, eficiência, redução dos custos, redução de impactos ambientais (incluindo o impacto visual) e redução de ruídos, entre outros.

As figuras 6.15, 6.16 e 6.17 ilustram parques eólicos instalados no Brasil, China e Austrália, respectivamente.

Figura 6.15: Parque Eólico de Osório (RS, Brasil) – 150 MW, com turbinas da Enercon.
Fonte: Fadigas (2008).

Figura 6.16: Parque Eólico Qingdao, na China, com turbinas Nordex.
Fonte: Hau (2005).

Figura 6.17: Parque Eólico na Austrália com turbinas NEG-Micon.
Fonte: http://www.thewindpower.net/manufacturer-datasheet-pictures-41-neg-micon.php.

PLANTAS *OFFSHORE*

Nos anos recentes, fazendas eólicas *offshore*, ou seja, instaladas no mar, começaram a fazer parte da paisagem nos países europeus que ficam no Mar do Norte.

Uma das razões mencionadas para o fato das turbinas estarem migrando para o mar está na indisponibilidade de terras em alguns países para desenvolvimento de plantas de grande porte, a exemplo da Holanda, Dinamarca e Alemanha. A exploração da energia eólica com instalações de aerogeradores em terra ainda irá permanecer dominante por muitos anos, pois existem vários países (inclusive na Europa) com grande potencial a ser explorado.

Outro argumento para a instalação de fazendas no mar está no excelente potencial eólico (ventos com velocidades mais altas). Esse argumento é importante, mas não é decisivo. De acordo com relatórios de estudos realizados e divulgados, as melhores condições de vento no mar, o que resulta em maiores fatores de capacidade da plantas *offshore*, não são totalmente compensadas pelos altos custos de instalação e conexão com a rede elétrica em terra, de tal forma que o custo de geração é mais elevado.

Um terceiro argumento para a instalação de plantas no mar está aumentando de significância nas discussões públicas e aparenta tornar-se de fato o impulso ao desenvolvimento. O uso de turbinas eólicas no mar possibilita a construção de parques com potências superiores a 1.000 MW, atingindo, portanto capacidades semelhantes a das plantas convencionais de energia. As turbinas desenvolvidas e adequadas para instalação no mar estão atingindo potências unitárias bem superiores às usadas em terra. Essa perspectiva tem atraído investidores para esse mercado. Em contraste com as plantas instaladas em terra, que também são de domínio de investidores privados, além dos grandes investidores coorporativos, a instalação em mar reúne características favoráveis ao domínio dos grandes investidores.

É cedo para se ter certeza sobre o futuro das fazendas instaladas no mar. Tecnicamente, essa alternativa já alcança um nível elevado, certamente eliminando a possibilidade dela não ser considerada por problemas de falhas. O que se pode mencionar é que argumentos ecológicos e econômicos podem pesar nas decisões futuras, tendo em vista que ela será uma alternativa real às fontes convencionais de energia.

A maioria dos países que possuem plantas eólicas no mar está situada nas costas do Mar do Norte e do Mar Báltico. Certamente, há potencial para instalação de fazendas eólicas em inúmeras outras áreas costeiras ao redor do mundo, mas são nessas duas áreas costeiras que projetos no mar estão ganhando força.

As áreas costeiras do Mar do Norte e do Mar Báltico fornecem diferentes condições com relação à utilização da energia de tal modo que o desenvolvimento do uso da energia eólica no mar prossegue com diferentes graus na regiões individuais.

O estudo da instalação de turbinas eólicas no mar é iniciado com o levantamento das condições oceanográficas e meteorológicas. Dependendo do estado da arte disponível, essas condições são decisivas para determinar se o projeto é factível técnica e economicamente. Procedimentos de licenciamento levando em conta questões ambientais e interesses econômicos competitivos estão sujeitos a outras considerações.

Com a disponibilidade de turbinas maduras nas classes de 500/600 kW ao final da década de 1980, a primeira planta de demonstração foi instalada no mar para realização de testes. Em 1991, a Dinamarca colocou em operação a primeira fazenda no mar nas proximidades de Vindeby, na costa de Lolland. A Figura 6.18 mostra essa planta. Essa pequena fazenda eólica consiste em 11 turbinas instaladas em lâmina d'água de 3 a 4 m de profundidade, cada uma com uma potência de 450 kW. A distância máxima da costa é de aproximadamente 3 km.

Figura 6.18: Primeira fazenda eólica instalada no mar próxima a Vindeby, Dinamarca.
Fonte: Danish Wind Industry Association (2010).

Os primeiros passos na direção da utilização de fazendas eólicas com finalidade comercial foram dados no final da década de 1990. Hoje, turbinas nas classes de MW estão disponíveis. Em função de suas dimensões, elas estão sendo instaladas em maiores profundidades e mais distantes da costa. Um argumento para a instalação em pontos mais distantes da costa aponta para o aspecto visual. Turbinas instaladas em distâncias superiores a 30 km não são visíveis pelos banhistas na praia. No entanto esse argumento não é decisivo. A Figura 6.19 mostra a maior central eólica instalada na Dinamarca (Horns Rev). Terminada em 2002, está instalada no Mar do Norte a 14-20 km da costa. Possui uma capacidade instalada de 160MW com 80 turbinas Vestas de 2MW cada.

Figura 6.19: Central Eólica Horns Rev2, Mar do Norte, Dinamarca.
Fonte: http://buildaroo.com/.

EXERCÍCIOS

1. Discorra sobre os vários tipos de aplicações de aerogeradores apontando as particularidades de cada tipo no atendimento da demanda.
2. Quais as diferenças básicas entre uma minirrede e uma rede convencional de energia?
3. Faça um comparativo entre as topologias de sistemas híbridos, destacando aspectos técnicos, econômicos e operacionais. De que forma os aerogeradores podem se inserir em cada topologia?
4. Discorra sobre as diferenças entre uma fazenda eólica instalada em terra e uma instalada no mar (*offshore*).
5. Trace um paralelo entre a aplicação de aerogeradores na geração distribuída e na geração centralizada.

7 | Energia eólica: aspectos econômicos

INTRODUÇÃO

Tendo em vista os efeitos negativos ao meio ambiente provocados por uma central termelétrica que utiliza combustíveis fósseis, os impactos sociais e ambientais nocivos provocados pelos reservatórios de grandes centrais hidrelétricas, ou ainda as questões de segurança associadas às usinas nucleares, a comparação entre estas fontes geradoras de eletricidade e as fontes alternativas de energia, a exemplo da eólica e solar, não pode ser realizada analisando apenas os aspectos puramente econômicos. No entanto, isso não significa que a utilização das novas fontes renováveis de energia se justifica a qualquer preço, a despeito do seu baixo impacto ambiental negativo. Custos exorbitantes da energia gerada não são aceitáveis pela indústria ou pela economia de uma forma geral. A lucratividade do ponto de vista do gerenciamento do negócio e a lucratividade para a economia nacional são, todavia, dois aspectos totalmente distintos.

A base para todas as considerações econômicas no que tange ao aproveitamento da energia solar, mais especificamente de uma de suas formas que é a energia eólica, é o custo de fabricação do equipamento, no caso o aerogerador. A baixa densidade energética do recurso eólico, associada em menor escala à eficiência da aerogerador exige que este tenha uma grande área de captação da energia dos ventos, o que encarece o equipamento.

No presente estão disponíveis no mercado aerogeradores com potência unitária que alcançam o patamar de 6.000 kW. Durante os últimos 15 anos houve um enorme progresso no sentido de reduzir os custos dos aerogeradores. As primeiras séries de aerogeradores fabricados e comercializados na década de 1980 nos Estados Unidos e Dinamarca, com potências bem inferiores, apresentavam custos na ordem de 5.000 US$/kW. Atualmente os aerogeradores estão sendo comercializados a preços inferiores a 1.000 US$/kW. Esse custo já permite a operação econômica dos aerogeradores em relação a algumas fontes convencionais, mesmo em locais com regimes de vento menores.

O grande desafio para os próximos anos é reduzir ainda mais os custos dos aerogeradores e há potencial para que isso seja alcançado. Em primeiro lugar, o estágio de desenvolvimento tecnológico atingido até o momento ainda oferece oportunidades para soluções com custos mais efetivos: materiais mais leves, estruturas mais simples etc. e, em segundo lugar, o custo pode ser consideravelmente reduzido se forem produzidas grandes quantidades de aerogeradores. Obviamente, a linha de produção nunca irá se assemelhar à de um automóvel, porém, como preços não são idênticos aos custos, a economia de escala, regra elementar da economia que também se aplica aos aerogeradores, faz com que os fabricantes considerem a situação do mercado na formação de seus preços de tal forma que suas margens de lucros variem de acordo com tempo e localização.

No caso específico do Brasil, que ainda possui uma pequena participação de energia eólica, a estabilização do mercado no longo prazo é de suma importância na redução dos custos. Um planejamento de longo prazo para o setor eólico, com regras bem definidas baseadas em arcabouços regulatórios e montantes de energia que favoreçam a economia de escala, beneficiará não apenas fabricantes e investidores, mas a economia como um todo, pois criará mais empregos e capacitação tecnológica.

Outra questão importante a ser considerada, que certamente irá contribuir para a redução do preço de venda da tecnologia eólica, relaciona-se aos aspectos ambientais. A internalização de custos ambientais na avaliação econômica de um projeto de geração de energia, a possibilidade de obtenção de receita adicional com a venda de créditos de carbono e certificados verdes já é uma prática em alguns países e tem contribuído para uma maior penetração desse tipo de tecnologia na geração de energia.

O custo dos aerogeradores é o componente principal nos custos totais de uma central eólica instalada. Todavia, os demais custos não devem ser desconsiderados. Este capítulo tem como objetivo apresentar a estrutura de custos, os principais parâmetros que influenciam na formação desses custos, valores praticados para cada componente de custos nos últimos anos e metodologia simplificada para uma avaliação econômica preliminar de um projeto eólico.

ESTRUTURA DE CUSTOS DE UMA CENTRAL EÓLICA

O custo unitário de produção de energia não é determinado apenas pelo custo da máquina. Existem custos adicionais associados com a planta instalada e a conexão desta com a rede elétrica, custos de operação e manutenção, custos associados à disponibilidade e energia total produzida pela central geradora. Esses custos também são significantes e, portanto, não podem ser desconsiderados, mesmo em uma avaliação econômica preliminar.

O custo de um aerogerador interage com os custos de operação e manutenção e com o desempenho da planta de uma maneira complexa. Por exemplo, uma turbina de duas pás terá um desempenho ligeiramente menor do que uma turbina de três pás que utiliza mecanismos complexos, tais como mecanismo de controle do passo das pás. No entanto, esta última terá um custo maior de operação e manutenção e seu fator de disponibilidade poderá ser menor.

Os custos de instalação são determinados pela acessibilidade, condições da fundação (tipo de solo) e distância da central até o ponto de conexão com a rede elétrica principal. Não há uma generalização desses custos, porém é sabido que alguns efeitos são óbvios. Locais remotos e hostis terão custos de instalação e de conexão com a rede maiores do que locais mais acessíveis. Também os custos de operação e manutenção serão mais caros, e o fator de disponibilidade menor. Esses efeitos nos custos são significantes quando se comparam custos de centrais eólicas em terra (*onshore*) e centrais no mar (*offshore*). A Figura 7.1 apresenta uma estrutura de custos de uma central eólica a partir da qual é apresentada toda a análise conceitual e metodologia de cálculo do custo de produção de energia neste capítulo.

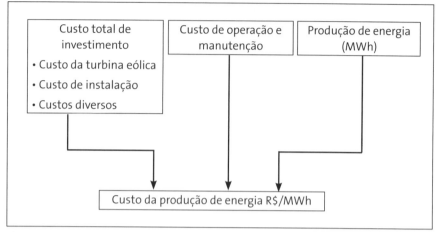

Figura 7.1: Estrutura de custos de uma central eólica.

Custo total de investimento

Normalmente, considera-se como custo total de investimento o custo chave na mão (*turn-key*) de uma central eólica, ou seja, o custo da central instalada, pronta para entrar em operação. Esse custo pode se dividido em:

- Custo do aerogerador (incluindo transporte).
- Custo do sítio e instalação da central.
- Custos diversos: financeiros, planejamento, engenharia.

Custos do aerogerador

Em linhas gerais, considera-se como custo da turbina o custo de sua aquisição, incluindo o custo do transporte até o local de instalação.

A turbina eólica pode ser considerada como todos os componentes instalados acima da fundação, incluindo a torre e todos os sistemas de controle. Os custos variam de acordo com o modelo adotado, a potência de cada modelo e a altura das torres utilizadas. Um fato importante a ser considerado são os custos de operação e mão de obra previstos pelos fabricantes. Alguns fabricantes apresentam uma garantia que pode variar de 2 a 6 anos, podendo onerar ou não o custo final do equipamento. Detalhes técnicos de diversos modelos de aerogeradores devem ser ponderados, além do preço. Detalhes sobre manutenção, garantias, curva de potência, sistema de controle e assistência técnica, entre outros, são fatores que devem ser analisados cuidadosamente, ponderando os custos de cada modelo e os benefícios apresentados pelos fabricantes.

O custo do transporte em estradas existentes normalmente é incluído no custo do equipamento. Para aerogeradores de grande porte, esse custo é muito importante se os componentes precisam ser transportados a grandes distâncias. Muitas vezes, esse custo é de difícil mensuração, pois também depende das condições das estradas. Em alguns casos, o custo do transporte pode ser tão proibitivo que inviabiliza economicamente a instalação da turbina.

A Figura 7.2 apresenta uma estrutura de custos de aerogeradores de vários projetos, tamanhos e origem no nível de subsistemas. Observa-se que a proporção dos custos dos subsistemas difere de forma insignificante quando se passa de um tamanho de turbina à outro. Porém, observa-se que em turbinas de menor potência o custo do sistema de transmissão mecânico (incluídos cubo do rotor e nacele) tem uma participação maior. Essa participação diminui nas turbinas de maior potência, porém ela é ainda considerável.

A Figura 7.3 apresenta a faixa de custo (não incluindo custo de instalação) de máquinas dinamarquesas. Embora não sejam dados tão atuais (1998), o que se percebe é que os custos variam significativamente para cada tamanho de aerogerador. Isso acontece em função das diferentes alturas de torres e/ou diâmetros do rotor.

Em estudos econômicos generalizados, os custos de capital de uma turbina eólica são frequentemente normalizados em custo por unidade de área do rotor ou custos por kW instalado. Exemplos desses custos são apresentados mais adiante.

Custos de infraestrutura e instalação

Estes custos englobam as despesas previamente levantadas na fase dos projetos de engenharia. Fazem parte deles: preparação do terreno, fundação da torre, levantamento, montagem e comissionamento, conexão com a rede elétrica e sistema de monitoramento. Uma sequência de etapas de instalação de um aerogerador pode ser vista na Figura 7.4, que mostra desde a preparação do terreno, construção da fundação, levantamento das torres, rotor e nacele.

228 | Energia eólica

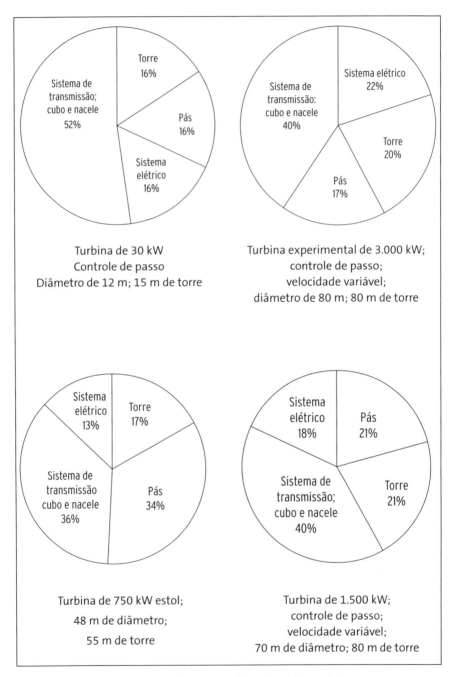

Figura 7.2: Estrutura de custos de aerogeradores de vários projetos.

Fonte: Hau (2005).

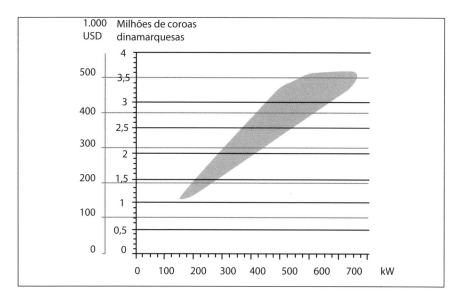

Figura 7.3: Custo (1998) de aerogeradores dinamarqueses com uma função do tamanho.

Fonte: Manwell et al. (2004).

- *Preparação do terreno*: esses custos são altamente dependentes das condições do local. Para centrais eólicas que utilizam aerogeradores de pequeno porte, a preparação do terreno não é muito trabalhosa nem custosa. Nesse caso as torres normalmente são instaladas mais próximas de estradas e edificações e as fundações são menos complicadas. Normalmente, centrais de grande porte, ou seja, que utilizam aerogeradores de elevada potência, em função da área ocupada, necessitam da construção de estradas de acesso para se chegar com as máquinas pesadas, execução de plataformas provisórias para montagem e içamento das turbinas e instalação de estaleiros, entre outras obras de infraestrutura. Toda essa complexa logística e esforços despendidos podem ser mais complicados quando a instalação é feita em terreno montanhoso. Nesse caso, os custos de instalação e infraestrutura tornam-se mais onerosos. A interligação elétrica entre as turbinas, necessária para coletar a energia elétrica gerada por cada turbina, também requer um trabalho de infraestrutura para abertura de valas para passagem dos cabos até o ponto de interligação elétrica dos aerogeradores, adicionando custos ao sistema.

- *Fundações*: o custo de fundações é função do tipo e peso da torre e das condições do solo. Em alguns casos, quando as condições do solo não são boas, (áreas marítimas costeiras, por exemplo) são necessários pilares extras para suportar as fundações, adicionando custos que podem aumentar em 1/3 os custos das fundações padrão.

- *Levantamento e comissionamento*: em aerogeradores comerciais os custos de levantamento (montagem da torre e colocação do rotor e nacele sobre a torre) e comissionamento da planta são normalmente incluídos no preço de venda da turbina.

- *Conexão com a rede elétrica*: o custo da conexão com a rede inclui a instalação dos componentes elétricos padrão requeridos para conectar a central eólica a uma linha de transmissão ou distribuição de energia. Em alguns casos não se tem uma separação clara entre o custo da rede elétrica interna (interligação das turbinas) e o custo da extensão de rede necessária para conectar a central à rede elétrica de distribuição ou transmissão. Os principais componentes usados estão descritos no Capítulo 5. Esse custo varia consideravelmente, pois depende do nível de potência a ser transferida à rede (potência da central eólica), nível de tensão da rede à qual a central eólica será conectada, distância entre a central eólica e o ponto de conexão. Dependendo da distância e das condições da rede elétrica disponível, o custo de conexão pode inviabilizar economicamente a instalação de centrais eólicas em alguns locais, a despeito das boas condições de vento que possam existir no local.

- *Monitoramento remoto*: como descrito no Capítulo 4, equipamentos para monitoramento e controle remoto dos aerogeradores e da central eólica são necessários. Esse custo é variável em função da complexidade do sistema de controle adotado. Quanto mais complexo for o sistema de controle, maior o custo de instalação, porém, como o objetivo do controle é aumentar a qualidade da energia gerada, aumentar a captação da energia dos ventos, melhorar a eficiência da planta e diminuir as cargas mecânicas dinâmicas, esse aumento do custo de instalação pode ser mais do que compensado pela maior disponibilidade de energia e redução nos custos de manutenção.

Em suma, o principal esforço dessa fase está no transporte e montagem dos equipamentos. Esse processo tem sido otimizado ao longo dos anos com a utilização de equipamentos mais eficientes e também de técnicas de segurança mais rigorosas, o que possibilita a instalação completa de uma turbina eólica com cerca de 8 a 10 horas de trabalho (Dutra, 2001).

Figura 7.4: Etapas de instalação de uma turbina eólica.

Fonte: Dutra (2001).

As demais despesas envolvidas em um projeto completo de implementação de centrais eólicas podem ser computadas como despesas diversas, despesas de treinamentos, viagens e acomodações, entre outras.

Custos diversos

Esses custos englobam os estudos de viabilidade, negociações e parcerias e projetos de engenharia, entre outros.

- *Estudos de viabilidade*: em sua fase inicial, esses estudos contemplam tópicos como investigação de locais favoráveis para instalação da central, avaliação do potencial eólico, avaliação dos impactos ambientais, projetos preliminares e estimativas de custos. A investigação prévia de locais propícios para implantação dos projetos contempla várias etapas com o objetivo de avaliar o potencial eólico do local. Para isso, existem despesas com obtenção de dados climáticos e do relevo do local (cartas topográficas, dados de vento de estações próximas, mapas eólicos), bem como despesas relativas a viagens e inspeção das áreas para levantamento das características da rugosidade do solo e também da topografia para confirmação dos dados obtidos por meio das bases de dados. Como descrito no Capítulo 2, esses fatores influenciam diretamente no regime dos ventos no local. Confirmada a condição de local com potencial para instalação de uma central, investimentos devem ser feitos na instalação de uma ou mais estações meteorológicas (a depender do tamanho da central) para coletar os dados por um período recomendado de no mínimo 1 ano. Além de representarem um perfil mais acurado dos ventos no local, os dados medidos com a torre meteorológica instalada podem servir de base para ajustes dos diversos parâmetros do perfil de vento de uma estação próxima e o local analisado, bem como ser utilizada após a instalação da planta para auxiliar no monitoramento da eficiência da central eólica durante sua operação. A medição e o tratamento dos dados devem ser feitos por empresas certificadoras, ou seja, empresas que possuem *expertise* e são certificadas para realizar esses estudos. Não é demais recordar o que ficou demonstrado no Capítulo 2, dados de má qualidade conduzem a um mau dimensionamento do sistema, erros de previsão de geração e consequentemente prejuízos financeiros ao proprietário da central eólica. A compra de equipamento de medição e contratação de serviços de tratamento dos dados medidos é um item de custo dessa fase. Por ser uma fonte de energia com grandes vantagens ecológicas, o estudo dos impactos ambientais também tem uma importante participação nos estudos prévios de viabilidade. Nesse estágio de avaliação, uma análise dos impactos ambientais está mais diretamente ligada ao levantamento das características do local de forma a minimizar os impactos ao meio ambiente. Feitas as avaliações do potencial eólico e dos impactos ambientais, parte-se para o estudo de otimização do uso da área para uma melhor distribuição dos aerogeradores de acordo com as características do local. Esse estudo, como descrito no Capítulo 2, requer análise da interferência de uma turbina em relação às outras. A procura de posicionamento ótimo para os aerogeradores requer grande iteração de cálculos complexos de escoamento de fluidos com o posicionamento dos demais aerogeradores que formam o conjunto. Essa análise demanda o uso de ferramentas computacionais específicas. Com os resultados otimizados de posicionamento e, eventualmente, algumas perdas relativas a "sombras" entre aerogeradores, deve-se fazer um levantamento mais detalhado dos custos de retorno do projeto com base nos dados técnicos do potencial eólico da região. Com um detalhamento maior do custo da energia e da sua produção podem-se fazer estimativas importantes em um parque eólico, como o melhor período para se fazer manutenção. Todos os custos envolvidos nessa fase do projeto estão associados, principalmente, aos custos próprios (ou de contatos de terceiros) em mão de obra especializada.

- *Planejamento e engenharia*: a instalação de qualquer aerogerador, independentemente do tamanho da central eólica, requer uma certa quantidade de trabalhos de engenharia na fase de planejamento, negociação e, com unidades de grande porte, supervisão. Os custos envolvidos nessa fase são independentes do tamanho da central e, para centrais de grande porte, acaba representando uma pequena parcela nos custos totais. Mais especificamente, os custos envolvidos nessa fase englobam despesas com o levantamento da infraestrutura necessária à instalação e à montagem dos aerogeradores e de outros equipamentos, a implementação da rede elétrica, o levantamento das características do local para o dimensionamento da obra civil e a supervisão de construção e contratos, entre outros. A listagem de todos os detalhes que envolvem o projeto e a elaboração de um relatório minucioso das principais etapas torna possível a análise dos pontos mais onerosos, além daqueles passíveis de redução de custos. O planejamento e o levantamento das necessidades de infraestrutura tornam-se mais complexos, uma vez que as condições de acesso ao local não apresentam infraestrutura básica com estradas ou vias que facilitem o acesso. Em centrais com aerogeradores de elevada potência cujos equipamentos principais possuem grande dimensão e peso, veículos especiais são necessários, como os guindastes especiais para fazer o levantamento dos equipamentos em alturas que ultrapassam 50 metros. A parte elétrica também necessita de um planejamento prévio, principalmente na otimização do traçado da rede elétrica que levará a energia gerada na central até a subestação mais próxima. Todo o levantamento dos detalhes envolvidos no transporte e instalação dos aerogeradores, instalação da rede elétrica e obra civil são custos de horas de trabalho de gerência de projeto.

- *Negociações e parcerias*: as despesas com financiamentos normalmente incluem taxas cobradas por bancos que oferecem empréstimos e juros praticados durante o período de construção da central eólica. Em geral, o empreendedor não tem todo o capital próprio necessário para investir no projeto e, assim, recorre aos bancos com pedido de empréstimos. Existem algumas possibilidades de participação de empreendedores nos projetos de energia eólica. No caso do Brasil, uma situação comum está nos investidores privados em financiar o desenvolvimento de um projeto próprio e vender a energia gerada para as concessionárias distribuidoras de energia via leilões ou diretamente para os consumidores livres. Esse é o caso do produtor independente no Brasil atualmente. Outra possibilidade está no investimento da concessionária de energia na implantação de sua própria central eólica. Dentre as possibilidades de investimento, existe a formação de consórcios de investidores que, ao comprarem aerogeradores, obtêm todos os seus dividendos também com a venda da energia para outras concessionárias de geração, para consumidores livres e para comercializadoras de energia. Os custos em projetos de energia eólica incluem custos em negociações na elaboração de contratos de compra e venda de energia entre os empreendedores e os agentes compradores desta energia, nos termos de permissão e aprovação de projetos, nos acordos para o direito do uso do terreno e nos projetos de financiamento como já descrito, entre outros aspectos legais. Outros custos que envolvem negociações podem ser agrupados em detalhes legislativos, contábeis e financeiros que devem ser contabilizados como horas de trabalho de profissionais especializados em cada segmento (Dutra, 2001).

Custo de operação

Os custos de operação incluem todos os custos anuais associados com a operação dos aerogeradores. O principal fator de custos são os custos regulares de reparos de operação e manutenção, seguros e, no caso de centrais de grande porte, gerenciamento. Em alguns casos, algumas taxas e encargos são considerados nos custos anuais de operação. Como exemplo no Brasil, entre os encargos existentes destaca-se o encargo do uso do sistema de distribuição (Tusd) ou do uso do sistema de transmissão (Tust).

Custos de operação e manutenção

Os custos de operação e manutenção (O&M) são um importante item de custo para todo tipo de planta geradora de energia e, dependendo do tipo de planta, podem chegar a representar até 40% dos custos totais. Para centrais eólicas de grande porte têm grande importância, sendo que muitas vezes se faz um contrato de serviços de manutenção com o fabricante ou uma empresa prestadora de serviços independente, dessa forma é possível assegurar um alto fator de disponibilidade da planta (98% ou mais). A natureza de um trabalho de manutenção é bem entendida e usualmente dividida em duas categorias: manutenção preventiva e reparos.

A manutenção preventiva consiste em manutenções regulares conduzidas de uma forma pré-agendada usualmente por meio de contratos com o fabricante e pode envolver:

- Manutenção a cada 6 meses para inspeção das pás e componentes elétricos, lubrificação de rolamentos e molas, substituição de componentes gastos – pastilhas de freios, óleo dos filtros etc.
- Inspeção anual detalhada das pás, geradores e caixa de engrenagem.
- Revisão maior das pás a cada 5 anos, gerador e caixa de engrenagem.

Os *reparos* ocorrem eventualmente em função de avarias que possam ocorrer nos diversos componentes que podem ter origem em diversas causas. Atualmente existem bases de dados que fornecem estatística do desempenho das turbinas eólicas. A Figura 7.5 mostra as causas da interrupção no funcionamento de um aerogerador em um período típico de 3 meses. Uma análise sistemática da confiabilidade dos aerogeradores tem sido conduzida pelo ISET (*Fraunhofer Institute for Wind Energy and Energy System Technology*) o qual examinou aproximadamente 33 mil relatórios de manutenção e reparos de máquinas operando na Alemanha.

Defeitos elétricos e mecânicos representam, cada um, metade das falhas com os sistemas de controle e sensores contribuindo com uma parte significativa das falhas elétricas conforme mostra a Figura 7.6. Interrupções por causa do sistema de controle e dos sensores podem ser frequentes mas podem ser corrigidas rapidamente. Todavia, os defeitos no gerador, a caixa de engrenagem, o sistema de transmissão mecânica, o rotor e o sistema de orientação do rotor podem ser os principais causadores da parada dos aerogeradores.

Outros custos de operação

Os custos de operação e manutenção também envolvem o treinamento de profissionais qualificados para operação das máquinas sob as mais diversas situações. Mesmo com um alto grau de automação, uma equipe disponível em campo se faz necessária para eventuais manobras. As despesas anuais

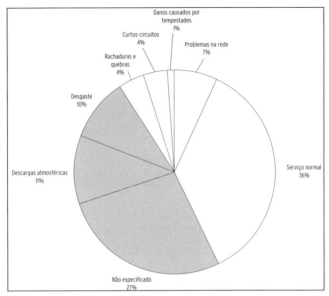

Figura 7.5: Causas das interrupções dos aerogeradores.

Fonte: Harrison et al. (2000).

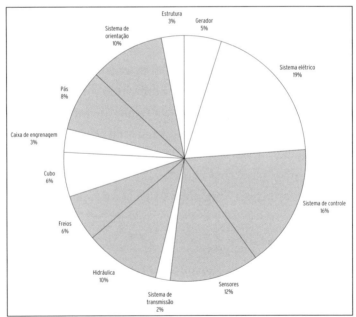

Figura 7.6: Componentes de falha dos aerogeradores na Alemanha.

Fonte: Harrison et al. (2000).

com as centrais eólicas não estão ligadas somente à manutenção dos aerogeradores. A manutenção da rede elétrica que interliga a central à rede elétrica principal (linha de distribuição ou transmissão de energia), mesmo que menos frequente, deve ser considerada.

Outro custo anual importante em uma central eólica está nas despesas de arrendamento do terreno para instalação da central. As negociações sobre os custos de arrendamento do local são feitas durante a primeira fase de viabilidade. Geralmente a escolha do local onde a central eólica será instalada coincide com áreas de atividades agrícolas e/ou pastagens. Essas áreas apresentam características de fácil negociação quanto ao uso da terra, não onerando as despesas significativamente como em áreas destinadas, muitas vezes, à especulação imobiliária. Existem vários tipos de contratos e formas de pagamento pelo uso do terreno. Pode-se citar, por exemplo, três tipos: 1) o pagamento de um valor fixo mensal ou anual (como um aluguel); 2) um pagamento de um valor variável em função da quantidade de energia anual gerada (R$/MWh); e 3) um pagamento com uma parcela fixa (R$/kW) dependente da potência instalada (kW) e outra variável (R$/MWh) dependente da quantidade de energia mensal ou anual gerada (MWh) (Winrock, 2004).

As taxas de seguro de máquinas e também da geração de energia muitas vezes fazem parte dos custos anuais de projetos de grande porte. Como os investimentos de grande porte associam grandes volumes de riscos, é comum que se procure seguradoras que cubram os riscos inerentes ao processo. Sobre esse assunto, torna-se fundamental o conhecimento do regime de ventos para que se minimizem os riscos associados a longos períodos de calmaria não previstos.

Custos de O&M são expressos em diferentes formas, as quais muitas vezes causam alguma confusão no entendimento dos valores. Todavia, há duas formas principais de se apresentar esses custos:

- Como uma porcentagem do preço de compra; portanto, para máquinas mecânicas ou elétricas frequentemente se assume, via de regra, que algo em torno de 2 a 3% dos custos de capital são gastos anualmente com O&M.
- Em termos de custo unitário, isso é, uma soma em R$/MWh que deve ser adicionada ao custo unitário de geração.

EXEMPLOS DE CUSTOS PRATICADOS EM CENTRAIS EÓLICAS INSTALADAS

Neste tópico pretende-se apresentar alguns exemplos de custos envolvidos com instalação, operação e manutenção, bem como os custos de produção de energia de centrais eólicas instaladas. Como no Brasil a experiência com centrais eólicas é mais recente e os custos envolvidos são poucos divulgados, apresenta-se aqui a experiência europeia, que permite uma noção dos valores praticados. No entanto, vale a pena ressaltar que no Brasil, em função da área eólica ainda estar em processo de maturação, com poucas centrais eólicas instaladas, baixo nível de capacitação profissional, nenhuma fabricante nacional de turbinas eólicas de grande porte e, até o momento, apenas duas fábricas multinacionais de aerogeradores instaladas no país, os custos praticados são ainda superiores aos custos praticados na Europa.

A Figura 7.7 mostra o custo de uma turbina eólica em função da potência nominal. A despeito das variações no projeto (modelos), os custos não se desviam consideravelmente dos valores médios. Todavia, diferenças notáveis podem ser vistas (em particular nas turbinas de pequeno porte) entre máquinas para carregamento de baterias e máquinas para interligação na rede elétrica. Observa-se que máquinas de maior potência apresentam custos unitários ($/kW) bem inferiores aos custos das máquinas de menor potência.

O custo completo de um aerogerador ou central eólica pode ser determinado após se ter a compreensão do perfil das necessidades e o detalhamento do uso, incluindo dados técnicos do aerogerador e previsão de custos de manutenção e reparo pelos fabricantes ou fornecedor. É relevante para o cálculo dos custos saber se o equipamento vai ser usado em operação isolada ou combinada com outras fontes de geração de energia (em redes elétricas, com geradores a diesel, por exemplo) e qual o nível de segurança dos equipamentos, em função do local em que será instalado. O custo total secundário (todos os custos mencionados acima, excluindo o custo do aerogerador) oscila entre 15 e 30% do custo do aerogerador.

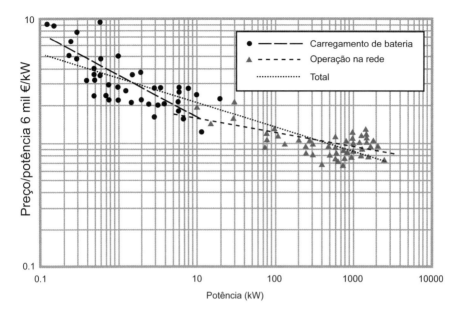

Figura 7.7: Custo específico por kW em função da potência nominal.
Fonte: Heir (2006).

A Figura 7.8 mostra os custos anuais médios de operação para aerogeradores com período de garantia já expirado. Somados a seguro, aluguel, monitoramento remoto etc., esses custos também incluem os valores médios de manutenção e serviço.

Os custos unitários de geração de energia em eurocents por kWh são mostrados na Figura 7.9 para aerogeradores com potências dominantes no mercado de 0,5 a 1,5 MW como uma função da energia anual gerada. Esses valores são fornecidos pelo Iset e praticados na Alemanha.

PANORAMA GERAL DOS COMPONENTES DA AVALIAÇÃO ECONÔMICA DE UMA CENTRAL EÓLICA

Como mostrado na Figura 7.9, ao discutir os aspectos econômicos da energia eólica é também importante tratar separadamente os custos de geração da energia e o valor de mercado dessa energia produzida. A viabilidade econômica da energia eólica depende da combinação dessas duas variáveis, isto é, o valor de mercado deve exceder o custo. Os aspectos considerados na avaliação econômica de empreendimentos eólicos variam, dependendo da aplicação.

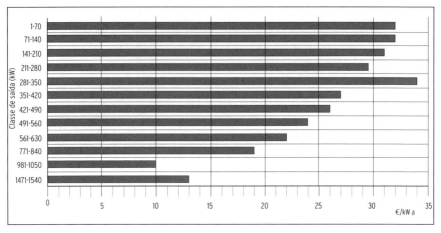

Figura 7.8: Custos médios anuais de operação para aerogeradores.

Fonte: Heir (2006).

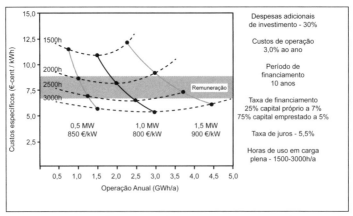

Figura 7.9: Custos unitários de geração de energia para aerogeradores em função do número de horas de operação e horas de uso em carga plena como parâmetro.

Fonte: Heir (2006).

Custos de geração de aerogeradores conectados à rede

A Figura 7.10 mostra todos os aspectos envolvidos na avaliação econômica de uma central eólica.

Os custos totais de geração são determinados pelos seguintes fatores:

- Regime de vento.
- Eficiência de conversão de energia dos aerogeradores.
- Disponibilidade de sistema.
- Vida útil do sistema.
- Custos de capital.
- Custos de financiamento.
- Custos de operação e manutenção.

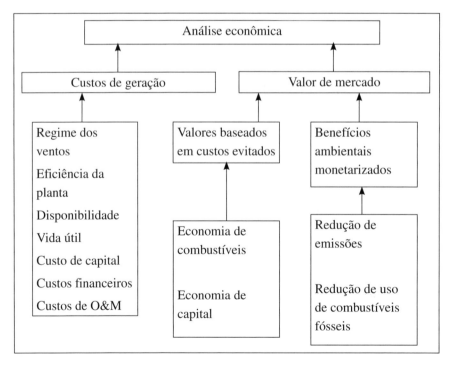

Figura 7.10: Componentes de avaliação econômica de uma central eólica.
Fonte: Manwell et al. (2004).

Disponibilidade do sistema

A disponibilidade é uma fração do tempo medido em um determinado período, geralmente um ano, em que um aerogerador é capaz de gerar energia. O período (horas/ano) em que a turbina não está disponível significa que ela está fora de operação, em manutenção preventiva ou corretiva. Números confiáveis para o fator de disponibilidade só podem ser determinados se dados para um grande número de aerogeradores em um período de operação considerável (muitos anos) estiverem disponíveis. Hoje já existem bases de dados sobre falhas de componentes, causas das paradas e indisponibilidade das máquinas, a exemplo da análise sistemática da confiabilidade conduzida pelo Iset com base em 33 mil relatórios de manutenção e reparos, cuja estatística é mostrada nas Figuras 7.5 e 7.6. Os dados divulgados apresentam para a atualidade uma disponibilidade de 98% dos aerogeradores.

Vida útil dos aerogeradores

É prática comum considerar a vida útil declarada pelos fabricantes de aerogeradores igual à vida útil econômica do sistema como um todo. Na Europa, uma vida útil econômica de 20 anos é usada frequentemente para avaliar os projetos eólicos. Melhorias mais recentes nos projetos de aerogeradores têm indicado uma vida útil de 30 anos. Essa suposição tem sido feita em função da implantação, por parte dos fabricantes (via contrato de manutenção) e já descrito acima, de manutenções periódicas com substituição de peças.

O valor de mercado da energia eólica

A forma tradicional de avaliar o valor da energia eólica é equipará-lo diretamente com a economia que poderá resultar, em virtude do uso da energia eólica, em substituição às formas mais comuns de geração de energia. Essas economias são referidas como custos evitados. Estes resultam primeiramente da redução de combustíveis que seriam consumidos por uma planta térmica de geração de energia. Também podem resultar do decréscimo na capacidade total de geração convencional de que a concessionária necessita. Basear o valor da energia eólica apenas nos custos evitados, todavia, resultaria na não viabilidade econômica de muitas aplicações.

Equiparar o valor da energia eólica exclusivamente com os custos evitados também desconsidera o benefício ambiental substancial que resulta do seu uso. Os benefícios ambientais são aqueles que aparecem porque a geração eólica não resulta em emissões significativas de poluentes na atmosfera (NOX, CO_2). Redução dos poluentes na atmosfera traz inúmeros benefícios à saúde da população.

Converter os benefícios ambientais da energia eólica em valores monetários é uma tarefa difícil. Uma vez conseguido, muito outros projetos de geração de energia se tornariam econômicos.

A incorporação dos benefícios ambientais no valor de mercado da energia eólica pode ser feita seguindo dois passos: 1) quantificar os benefícios; e 2) valorar (monetariamente) alguns desses benefícios. Quantificar os benefícios envolve identificar os efeitos líquidos positivos para a sociedade como resultado do uso da energia eólica. A valoração econômica envolve atribuir um valor financeiro aos benefícios. Isso permite uma receita a ser adquirida pelo investidor.

Tendo em vista os benefícios ambientais reais da energia eólica, e devido ao enorme impacto desses benefícios na avaliação econômica dos projetos, muitos países têm implantado leis e regulamentações para facilitar o processo.

APLICAÇÃO DO MCCV PARA CÁLCULO DO CUSTO DE PRODUÇÃO DE ENERGIA

Empreendimentos eólicos de geração de energia podem se constituir em ótimas alternativas de investimento com obtenção de receitas. Métodos de análise econômica podem ser aplicados a sistemas eólicos não apenas para avaliar o desempenho econômico de um dado projeto eólico, mas também compará-lo com outros sistemas renováveis de energia, bem como com os sistemas convencionais. Existem vários métodos empregados para avaliar os projetos de geração de energia, cada um tem sua definição própria dos parâmetros-chave e suas particulares vantagens e desvantagens. É importante deixar claro quem é o proprietário ou explorador da planta eólica e qual o valor de mercado esperado para a energia. Dependendo da aplicação, um ou mais métodos de avaliação econômica podem ser aplicados. A seguir, apresenta-se um dos métodos para avaliação econômica de um projeto eólico.

O método do custo do ciclo de vida (MCCV) é comumente usado para avaliação econômica de sistemas de produção de energia e é baseado no princípio do *valor do dinheiro no tempo*. O MCCV resume despesas e receitas ocorridas em certo período em um parâmetro simples (ou número), de tal forma que uma escolha baseada na economia possa ser feita.

Método do custo do ciclo de vida

Ao analisar fluxos de caixa futuros é necessário considerar o valor do dinheiro no tempo. Uma quantidade de dinheiro pode aumentar em quantidade obtendo rendimentos de um investimento realizado. O dinheiro pode também perder valor durante um certo tempo, quando a inflação força os preços para cima, fazendo com que cada unidade monetária possua um menor poder de compra. À medida que a taxa de inflação é igual ao retorno do investimento para uma soma fixa de dinheiro, o poder de compra não é diminuído. Como é usualmente o caso, todavia, se esses dois valores não são iguais então a soma de dinheiro pode aumentar em valor (se o retorno do investimento é maior do que a inflação) ou decrescer em valor (se a taxa de inflação é maior do que o retorno do investimento).

O conceito da análise do MCCV é usado nos princípios contábeis por organizações para analisar oportunidades de investimento.

Para avaliar o valor de um investimento feito em um sistema eólico de geração de energia, o princípio do MCCV pode ser aplicado aos custos e benefícios, ou melhor dizendo, ao seu fluxo de caixa esperado. Os custos incluem as despesas associadas com a compra, instalação e operação do sistema eólico. Os benefícios econômicos de um sistema eólico incluem o uso ou a venda da eletricidade gerada, bem como taxas de retorno relacionadas a alguma economia obtida, ou outros incentivos. Ambos, custos e benefícios, podem também variar no tempo. Os princípios do MCCV podem levar em conta fluxos de caixa variantes no tempo referidos a um ponto comum no tempo. Desse modo, o sistema eólico pode ser comparado com outros sistemas de produção de energia de uma forma internamente consistente.

A metodologia do MCCV leva em conta a inflação e os juros aplicados ao dinheiro e usa o modelo baseado no "valor do dinheiro no tempo" para projetar o "valor presente" de um investimento para qualquer tempo no futuro.

Panorama geral e definições dos conceitos e parâmetros do MCCV

Em análises do MCCV, alguns conceitos e parâmetros são considerados:

- O valor do dinheiro no tempo e o fator de valor presente.
- Série uniforme.
- Fator de recuperação de capital.
- Valor presente líquido.

O valor do dinheiro no tempo e o fator de valor presente

O dinheiro que deve ser pago (ou gasto) no futuro não possui o mesmo valor no presente. Isso acontece mesmo que não haja inflação, visto que pode se fazer uma aplicação deste e obter rendimentos (juros). Portanto, seu valor é aumentado pelos juros. Por exemplo, suponha que seja feito um investimento de uma quantidade de dinheiro com um valor presente (VP) a uma taxa de juros (ou desconto) "i" anual (note que em análises econômicas a taxa de desconto é definida como o custo de oportunidade do capital). Ao final do primeiro ano, o valor aumentou para VP(1+ i), após o segundo ano para VP(1+i)^2 etc. Portanto, o valor no futuro (VF) após N anos será:

$$VF = VP\,(1+i)^N \tag{7.1}$$

A relação VP/VF é definida como *fator de valor presente* (FVP) e é dada por:

$$FVP = VP/VF = (1+i)^{-N} \tag{7.2}$$

Séries uniformes

São um método para expressar os custos ou receitas que ocorrem de uma forma irregular em pagamentos iguais equivalentes em intervalos regulares. Suponha que se queira que o valor presente de um empréstimo adquirido seja arranjado em uma série de prestações iguais mensais ou anuais. Ou seja, o VP de um empréstimo deve ser pago em prestações anuais iguais A durante N anos. Para determinar a equação para A, primeiro considere um empréstimo de valor VP_N que deve ser pago com uma parcela única F_N ao final de N anos. Com N anos de juros incidindo na quantidade VP_N, o valor de F_N será: $F_N = VP_N(1+i)^N$. Em outras palavras, a quantidade emprestada VP_N é igual ao valor presente do pagamento futuro F_N; $VP_N = F_N(1+i)^{-N}$.

O empréstimo que deve ser pago em N prestações iguais pode ser considerado como a soma de N empréstimos, um para cada ano, o empréstimo "j" sendo pago em uma simples prestação A ao final do ano j. Portanto, o VP do empréstimo iguala a soma dos PVs de todos os pagamentos:

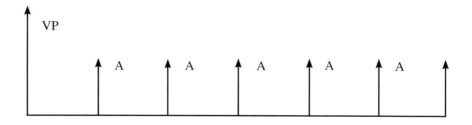

$$VP = \frac{A}{1+i} + \frac{A}{(1+i)^2} + \ldots \frac{A}{(1+i)^N} = A\sum_{j=1}^{N} \frac{1}{(1+i)^j} \qquad (7.3)$$

Ou, usando uma equação para séries geométricas:

$$VP = A\left[1-(1+i)^{-N}\right]/i \qquad (7.4)$$

Deve-se notar que essa equação é perfeitamente geral e relaciona qualquer valor presente (VP) a uma série de iguais pagamentos A, dada uma taxa de juros (i) e um número de pagamentos (ou anos) N. Também note que quando i = 0, VP = A/N.

Se a parcela A é afetada pela inflação, a Equação 7.2 pode ser escrita como:

$$(VP = A\sum_{j=1}^{N}\left(\frac{1+r}{1+i}\right)^j \qquad (7.5)$$

Em que "r" é a taxa de inflação.

Fator de recuperação de capital

O fator de recuperação de capital (FRC) é usado para determinar a quantidade de cada pagamento futuro requerido para acumular um dado valor presente quando uma taxa de desconto e um número de pagamentos são conhecidos. Em outras palavras, transforma um valor presente em uma série uniforme de valores durante um período definido. O fator de recuperação de capital é definido como a razão entre A e VP e pode ser calculada por:

$$FRC = \frac{(i+1)^N \times i}{(i+1)^N - 1} \tag{7.6}$$

O inverso do FRC é definido algumas vezes como fator de valor presente de uma série de iguais valores (FVPS), ou seja, FVPS = 1/FRC.

Valor presente líquido

O valor presente líquido (VPL) é definido como a soma de todos os valores presentes relevantes. Da Equação 7.1, o valor presente de um custo futuro (C) avaliado no ano j é:

VP = C / (1+i)^j \hfill (7.7)

Portanto, o VPL de um custo C a ser pago a cada ano para N anos é:

$$VPL = \sum_{j=1}^{N} VP_i = \sum_{j=1}^{N} \frac{C}{(1+i)^j} \tag{7.8}$$

Se o custo C é inflacionado com uma taxa anual de inflação r, o custo C, no ano j torna-se:

C$_j$ = C(1+r)^j \hfill (7.9)

Portanto, o VPL torna-se:

$$VPV = \sum_{j=1}^{N} \left(\frac{1+r}{1+i}\right)^j C \qquad (7.10)$$

Como será discutido a seguir, VPL pode ser usado como uma medida do valor econômico ao comparar opções de investimento.

Aplicação do VPL e das séries uniformes para análise econômica de sistemas eólicos

Vários índices de mérito podem ser usados para avaliar uma alternativa de geração de energia. A seguir, apresentam-se quatro índices de mérito para avaliar um sistema eólico.

Valor presente líquido dos custos menos as economias

O valor presente de um parâmetro particular é geralmente usado como uma medida do valor econômico ao comparar diferentes opções de investimento em uma análise do custo de ciclo de vida. Como primeiro exemplo de aplicação do VPL, apresenta-se a versão do cálculo do VPL para o parâmetro valor economizado.

$$VPLe = \sum_{j=1}^{N} \left(\frac{1+r}{1+i}\right)^j (E-C) \qquad (7.11)$$

em que E representa a economia ou receita anual e C os custos anuais durante a vida útil do projeto.

Na avaliação econômica de vários sistemas que usam esse critério, a escolha deve ser feita pelo sistema que apresentar o maior valor de VPL_e.

De acordo com Manwell et al. (2004), se apenas o parâmetro "custo" está sendo avaliado, então a versão de custo para o VPL, VPL_c, pode ser usada. Consiste na soma dos valores uniformes de custo do sistema de geração de energia. Para essa versão, ao se comparar diferentes sistemas, o projeto que apresentar o menor VPL$_c$ é o desejado.

$$VPL_C = INV + PaY\left(\frac{1}{1+i}, Z\right) + CI \times FCO\&MY\left[\frac{1+r}{1+i}, N\right] \quad (7.12)$$

Em que:

INV – custo da parcela própria do capital investido;
Pa – pagamentos anuais sobre a parcela do capital emprestado = (CI-INV);
i – taxa de desconto;
Z – período do empréstimo;
r – taxa de inflação;
N – tempo de vida;
CI – custo de capital instalado do sistema;
FCO&M – custo anual de O&M, fração do custo de capital.

A variável Y(k,l) é uma função usada para obter o valor presente de uma série de pagamentos. É determinada pela seguinte equação:

$$Y(k,l) = \sum_{j=1}^{l} k^j = \begin{cases} \dfrac{k - k^{l+1}}{1-k}, & \text{se } k \neq 1 \\ l, & \text{se } k = 1 \end{cases} \quad (7.13)$$

Custo uniforme de energia

Nessa forma mais básica, o custo uniforme da energia gerada (CAG) é dado pela soma dos custos anuais uniformes de um sistema eólico dividido pela energia anual gerada. Portanto:

CAG = (Σ Custos anuais uniformes) / Energia anual gerada

Esse tipo de definição é usado pelas concessionárias para o cálculo do custo da energia, sendo referido na maioria das vezes como custo unitário da energia gerada (R$/MWh), frequentemente utilizado na comparação dos diversos sistemas de geração de energia. Esse custo pode ser calculado usando a Equação 7.11 da seguinte forma:

$$CAG = \frac{(VPL_c) \times FRC}{EG_a} \qquad (7.14)$$

Em que EG_a = energia anual gerada.

O FRC é baseado na vida útil do sistema N e na taxa de desconto i. Nessa base, o custo uniforme da energia vezes a energia anual gerada será igual ao pagamento anual do empréstimo necessário para amortizar o valor presente do custo do sistema.

Taxa interna de retorno (TIR)

A taxa interna de retorno é definida como:

IRR = valor da taxa de desconto cujo VPL_e se iguale a zero.

A TIR é frequentemente utilizada por concessionárias ou investidores na avaliação de investimentos e consiste em uma medida da lucratividade. Quanto maior a TIR, melhor o desempenho econômico do sistema eólico.

Relação entre benefício e custo (B/C)

B/C é definida como:

B/C = valor presente de todos os benefícios / valor presente de todos os custos.

Geralmente sistemas com uma relação benefício-custo maior do que 1 são aceitáveis, e altos valores de B/C são desejados.

EXERCÍCIOS

1. O grande desafio para os próximos anos é reduzir ainda mais os custos dos aerogeradores, de tal forma que a aplicação deste tipo de fonte geradora não dependa mais de incentivos governamentais. Há potencial para que isso seja realizado. Discorra sobre os campos de atuação para se obter esse resultado.
2. A internalização de custos ambientais na avaliação econômica de um projeto de geração de energia e a possibilidade de obtenção de receita adicional com a venda de créditos de carbono e certificados verdes já são práticas vigentes em alguns países e têm contribuído para uma maior penetração desse tipo de tecnologia na geração de energia. Faça uma pesquisa apresentando e discutindo resultados obtidos com essas práticas em diferentes países.
3. Apresente a estrutura de custos de uma instalação eólica para uma aplicação de grande porte, os principais parâmetros que influenciam na formação desses custos e o impacto que cada componente de custo pode ter no custo total de um projeto.
4. Discorra sobre o impacto que o regime de vento e a curva de potência dos aerogeradores apresentam nos custos de geração de energia (R$/MWh).
5. Apresente e discuta as formas tradicionais de avaliar o valor que a energia eólica tem em um mercado de energia.

8 | Energia eólica e meio ambiente

INTRODUÇÃO

A energia dos ventos transformada em eletricidade por meio do uso de aerogeradores, constitui-se em uma das fontes renováveis mais interessantes e promissoras mundialmente.

Apesar de ser uma fonte de energia renovável, não diferentemente das demais fontes, a energia eólica apresenta também impactos ambientais negativos. Porém, ela é vista como uma alternativa limpa, considerando que quando em operação não causa impactos negativos nocivos ao meio ambiente, tais como emissões de poluentes na atmosfera.

Ao se considerar toda a fase de implantação, verifica-se que indiretamente a energia eólica usada para produção de eletricidade causa impactos negativos indiretos oriundos da fase de preparação do sítio eólico e instalação dos aerogeradores.

Como descrito no Capítulo 7, não é fácil medir e valorar os benefícios ambientais de uma central geradora de energia. Em geral, os benefícios ambientais da energia eólica são calculados em função das emissões que se deixa de produzir com as outras fontes quando estas são substituídas pela energia eólica.

À medida que a participação da energia eólica na oferta total de energia elétrica em âmbito mundial foi crescendo ao longo dos tempos, aumentou a importância de seus efeitos ao meio ambiente. Relatórios divulgados apresentam informações sobre projetos eólicos que sofreram atrasos na instalação ou deixaram de ser construídos em função dos impactos negativos ao meio ambiente.

A implantação de parques eólicos pressupõe que todos os projetos sejam precedidos de estudos ambientais, cujas características e respectivas profundidade e abrangência destes dependem das especificidades de cada projeto e dos efeitos causados em função da sua localização.

A realização de estudos de impacto ambiental decorre da aplicação da legislação ambiental vigente. Na fase de estudo de viabilidade se obtêm as primeiras informações do local e são feitos estudos para se verificar a melhor forma de mitigar os impactos. A obtenção de licenças ambientais é um dos requisitos fundamentais para que os projetos sejam aprovados e recebam licenças de instalação.

Mantendo os aspectos positivos em mente, este capítulo procura apresentar as questões mais importantes relativas aos impactos ambientais negativos tanto na fase de instalação quanto de operação dos aerogeradores.

Os impactos negativos da energia eólica serão divididos nas categorias listadas abaixo destacando, para cada um, durante a sua descrição, as fases do projeto em que estão presentes.

- Interação da fauna com os aerogeradores.
- Impacto visual dos aerogeradores.
- Ruído provocado pelos aerogeradores.
- Efeitos de interferência eletromagnética.
- Impacto no uso da terra.
- Outras considerações de impacto.

Esses impactos ambientais serão apresentados e discutidos nos seguintes tópicos:

- Definição do problema.
- Fonte do problema.
- Medidas para mitigação.

Este capítulo não pretende apresentar um resumo das regulamentações aplicáveis e pertinentes. Para tal o leitor deverá recorrer a outras fontes.

FASES DE PROJETO E AÇÕES CAUSADORAS DE IMPACTOS AMBIENTAIS

Um projeto eólico é constituído da fase de construção, operação e desativação dos aerogeradores ou parque eólico.

Nessas fases existem várias ações causadoras dos diversos impactos ambientais associados a esse tipo de projeto, sendo que essas ações impactam mais ou menos dependendo da fase de projeto. De acordo com Mendes (2002), para as fases citadas, as seguintes ações são executadas:

Fase de construção do parque eólico

- Aluguel dos terrenos da zona do parque eólico.
- Instalação e utilização de estaleiro.
- Reabilitação de caminhos (alargamento de faixa de rodagem, retificação de curvas, regularização/reforços de pavimentos e obras de drenagem).
- Abertura de caminhos (limpeza do terreno/desmatamento, remoção e depósito de terra vegetal, escavação/aterros/compactação), execução de sistema de drenagem (construção de valetas, aquedutos, pontões), e em determinadas situações pavimentação (saibro, asfalto).
- Transporte de materiais diversos para construção (saibro, terra vegetal e rocha, entre outros).
- Abertura de valas para instalação dos cabos elétricos de interligação entre os aerogeradores e a subestação e edifício de comando.
- Abertura de buracos para as fundações das torres dos aerogeradores.
- Betonagem dos maciços de fundação das torres dos aerogeradores.
- Execução das plataformas provisórias para montagem dos aerogeradores.
- Transporte e montagem no local dos aerogeradores (torre, cabine e pás).
- Construção da subestação e edifício de comando.
- Transporte e montagem dos equipamentos da subestação e edifício de comando.

- Instalação da linha elétrica para entrega da energia produzida pelo parque eólico na rede receptora.
- Recuperação paisagística das zonas intervencionadas.

Exploração do parque eólico

- Aluguel dos terrenos da zona do parque eólico.
- Presença dos aerogeradores, subestação, edifício de comando e caminhos.
- Presença de linha elétrica para entrega da energia produzida pelo parque eólico na rede receptora.
- Funcionamento dos aerogeradores.
- Existência de bons caminhos.
- Manutenção e reparo de equipamentos.

Desativação do parque eólico

- Remoção e transporte de equipamentos.
- Recuperação paisagística.

INTERAÇÃO DA FAUNA COM OS AEROGERADORES

Definição do problema

Durante a fase da obra, a perturbação originada faz sentir sobre todas as espécies que utilizam a área de implantação do parque eólico, podendo consistir em esmagamento ou ferimento de vários animais (répteis, anfíbios e pequenos mamíferos) e perturbação dos locais de repouso, alimentação e reprodução de todas as espécies.

Durante a fase de exploração, ou seja, quando as turbinas entram em operação, os principais impactos causados na fauna dizem respeito ao risco de colisão das aves contra as turbinas, classificado como impacto direto, e alteração no *habitat* natural destas, classificado como impacto indireto.

Fonte do problema

O risco de colisão é o impacto mais evidente. Porém, impactos indiretos ocorrem, pois muitas espécies são sensíveis à mudança no seu *habitat*. Os impactos indiretos incluem:

- Mortes por choque elétrico.
- Alteração da forragem do *habitat*.
- Perturbação na migração.
- Redução do *habitat* disponível.
- Perturbação na reprodução, alimentação e repouso.

Desde os finais dos anos de 1970 que os impactos sobre a avifauna têm sido alvo de discussões acerca dos impactos negativos de parques eólicos.

Fazer projeções sobre a magnitude potencial dos impactos dos parques eólicos na avifauna é uma problemática devido à relativa juventude da indústria de energia eólica e da escassez de resultados de estudos de longo prazo. Desse modo, a introdução dessa componente na avaliação do impacto ambiental revela-se de extrema importância para que sejam analisados os diversos fatores diretamente relacionados com os potenciais riscos associados a interação entre as aves e um parque eólico, tais como:

- Espécies existentes na zona, sua densidade, distribuição, atividade/comportamento e corredores migratórios.
- Característica do parque eólico instalado: número de turbinas, sua distribuição geográfica e tipo de turbina, entre outras.
- Características orográficas da zona do parque eólico.
- Condições atmosféricas/meteorológicas.

O risco de colisão de aves com os aerogeradores tem sido o impacto mais discutido até o momento, tendo em vista alguns incidentes ocorridos tanto nos Estados Unidos como na Europa.

Nos Estados Unidos o incidente mais alarmante diz respeito à mortalidade de aves de rapina ocorrida no Parque Eólico de Altamont Pass, na

Califórnia. O número elevado de colisões foi atribuído à grande densidade de presas existente na zona, orografia do local e elevada concentração de aerogeradores (mais de 5.000) nesse sítio eólico.

Na Europa, o caso mais comentado se refere ao de colisões de aves nos parques eólicos situados na região de Tarifa, na Espanha. Nessa região existe um corredor migratório de um número significativo de pássaros que fazem a travessia entre a Europa e a África pelo Estreito de Gilbratar. Estudos realizados em dois parques eólicos dessa região revelaram resultados de colisões de aves de rapina bem superiores aos indicados para a Europa.

No entanto, tanto na Europa, mais precisamente na Espanha, como na Califórnia existem vários estudos efetuados em que não se obteve registros de aves mortas por colisão com aerogeradores.

Com base nos estudos desenvolvidos na Europa e nos Estados Unidos, por meio de monitoração dos parques eólicos, a conclusão a que se chegou até o momento foi que o risco de colisão das aves com os aerogeradores é muito reduzido, estando frequentemente associado a condições de fraca visibilidade (nevoeiros, nuvens baixas) e corredores migratórios.

Conclusões acerca do sucesso na fase de reprodução e outros tipos de perturbações nas aves (impactos indiretos) demonstram que a magnitude desse tipo de impacto depende das espécies de aves em consideração. Existem referências a espécies nidificantes na área abrangida por parques eólicos que rapidamente se adaptaram à presença dos aerogeradores, enquanto em outros casos verificam-se efeitos perturbadores em espécies que utilizam as zonas para alimentação e repouso.

Medidas para mitigação

Os resultados dos estudos, realizados com base no acompanhamento dos dados obtidos com a implantação de metodologias de monitoração dos parques eólicos, permitiram a elaboração de medidas para mitigação dos efeitos diretos e indiretos causados pelos parques eólicos à avifauna. O estudo mais detalhado foi feito na Califórnia com suporte da Comissão de Energia da Califórnia e da Associação Americana de Energia Eólica (Manwell et al., 2004). Algumas medidas típicas de mitigação resultantes dos estudos realizados incluem:

- Evitar áreas que se constituem em corredores de migração de aves.
- Construir parques eólicos com poucas turbinas de maior potência (maior tamanho) em vez de muitas turbinas de menor potência.
- Evitar micro-habitats ou zonas de voo ao instalar turbinas individuais.
- Projetar torres com formas alternativas, que não facilitem que as aves fiquem empoleiradas.
- Remover ninhos, com a aprovação das agências de proteção ao meio ambiente, para locais mais adequados.
- Instalar redes elétricas subterrâneas ou técnicas que evitem que as aves possam ser eletrocutadas.
- Realizar estudos de mitigação específicos nos sítios e estudar causas e efeitos da interação das aves com o parque eólico.

Em resumo, mesmo que os relatórios apontem que os aerogeradores não causem impactos negativos sérios à vida das aves, estudos devem ser conduzidos com trabalhos de monitoração antes e após a instalação do parque eólico. Na fase de operação, as pesquisas devem continuar por anos com o objetivo de se chegar a resultados mais concretos e que possam conduzir a medidas mitigadoras mais adequadas.

IMPACTO VISUAL DOS AEROGERADORES

A interação do parque eólico com a paisagem local constitui-se no impacto mais perceptível e menos quantificável. Do ponto de vista paisagístico, os aerogeradores são elementos de apreciação subjetiva. Por exemplo, a percepção pública pode mudar com o conhecimento da tecnologia, localização dos aerogeradores e muitos outros fatores.

Em termos paisagísticos, o impacto visual é definido como o impacto resultante da introdução de elementos na paisagem, refletindo no seu caráter e qualidade.

Os aerogeradores em um sítio necessitam ser distribuídos e essa distribuição é feita com o objetivo de, primeiro, minimizar os efeitos que as turbinas podem causar umas nas outras, modificando o perfil do vento. Também procura-se minimizar a área ocupada pelo parque, tendo como objetivo reduzir o custo do terreno. Também é importante para o projetista no estudo de *micrositing* considerar o impacto visual que o parque vai causar no local. Fatores como tipo de paisagem local, número e projeto dos aerogeradores, cor, configuração de arranjo de aerogeradores, número de pás, tipo de torre e altura dos aerogeradores influenciam no estudo. Adicionalmente, frequência e número de observadores a partir de locais acessíveis (estradas, conglomerados populacionais) influenciam na magnitude do impacto visual.

Caracterização do problema

Os recursos visuais ou estéticos se referem às características naturais e culturais de um ambiente e que são de interesse público. Em um projeto eólico a avaliação da compatibilidade entre as características do projeto e do entorno devem ser simuladas levando-se em conta diferentes arranjos. Os seguintes parâmetros e questões devem ser considerados:

- Alteração da paisagem: mudanças no terreno natural ou na paisagem.
- Consistência da paisagem: substancial desvio causado à forma, à cor e à textura dos elementos preexistentes da paisagem, diminuindo sua qualidade visual.
- Degradação da paisagem.
- Conflito com a preferência do público.
- Compatibilidade com a designação do local.

A solução adotada para o arranjo de turbinas está ligada diretamente ao número de turbinas e às características do terreno. Diferentes soluções podem ser simuladas e obtidas, porém, é bom ressaltar que em se tratando de impacto visual os julgamentos são altamente subjetivos.

Na fase de construção a paisagem sofre um impacto maior, porém momentâneo, até que o projeto tome a sua forma final, ou seja, as turbinas estejam instaladas, prontas para entrar em funcionamento. Essa modificação na paisagem está relacionada com as ações listadas anteriormente. A Figura 8.1 apresenta uma foto que ilustra a alteração da paisagem.

(a)　　　　　　　　　(b)　　　　　　　　　(c)

Figura 8.1: Fotos ilustrando alteração da paisagem na fase de construção – a) construção do edifício de comando; b) estradas de acesso para a execução da obra; c) abertura de buraco para fundação da torre.

Fonte: Mendes (2002).

Arranjos de parques eólicos para mitigação dos impactos visuais

Nos Estados Unidos e na Europa há várias publicações que sugerem projetos de arranjos de turbinas de parques eólicos para diminuir o impacto visual. Em muitos casos, a natureza subjetiva desse assunto se faz presente e há muitas diferenças nas opiniões entre os pesquisadores.

Em geral, o que se propõe em zonas planas é a adoção de um padrão geométrico simples, sendo também adotada a opção da colocação dos aerogeradores ao longo de uma linha reta. Ocorrem, muitas vezes, situações especialmente junto às zonas costeiras, onde a colocação dos aerogeradores é feita acompanhando a linha da costa.

Em zonas montanhosas, a solução geralmente adotada é a colocação dos aerogeradores ao longo da linha de cumeada.

Do ponto de vista paisagístico, com relação ao número de aerogeradores, uma fazenda eólica de grande porte com um número grande de aerogeradores causa um impacto visual maior. A mesma quantidade de energia pode ser gerada com poucos aerogeradores de maior potência ou um número maior de aerogeradores de menos potência. Fazendas eólicas compostas por turbinas de elevada potência também têm a vantagem da velocidade de rotação das pás ser menor comparada com a rotação das turbinas de menor potência. Dessa forma, os aerogeradores de grande porte não atraem tanta atenção como os objetos que giram mais rapidamente.

Com relação às torres, nos últimos anos tem-se dado preferência a torres tubulares que possuem inúmeras vantagens com relação às torres de ferro treliçadas. As torres treliçadas são mais bem absorvidas pela paisagem. No entanto, como a potência dos aerogeradores vem aumentando e consequentemente suas alturas de instalação, seria necessário uma torre de treliça com estrutura mais densa e de maiores dimensões, resultando no mesmo impacto visual das torres tubulares de concreto ou aço.

A maior parte das torres tubulares apresenta cor branca ou cinza claro, cores usadas e justificadas pelo fato de combinarem mais com alterações constantes das tonalidades do céu nos locais de climas temperados como o da Europa. No entanto, isso pode ser revisto e algumas empresas estão instalando, por exemplo, torres pintadas na sua base com cores de gradientes verdes para melhor camuflagem com a vegetação local. A Figura 8.2 ilustra um parque eólico cujas torres das turbinas estão pintadas com um gradiente de tons verdes.

Figura 8.2: Parque eólico com aerogeradores cujas torres estão pintadas com gradiente de tons verdes.

Fonte: http://gs-press-com.au/images/news_articles/cache/wind_turbines_314_600y0.jpg.

Outras medidas para mitigação do impacto visual

De acordo com trabalhos realizados nos Estados Unidos, um número considerável de medidas tem sido proposto com o objetivo de diminuir o impacto visual causado pelas fazendas eólicas. Algumas medidas dizem respeito à execução da infraestrutura para transporte e instalação dos equipamentos, outras, ao desenho, forma e cor dos equipamentos instalados e que ficarão visíveis. As seguintes medidas estão incluídas:

- Usar a forma do local como meio de minimizar visivelmente as estradas de acesso e serviço, e proteger o terreno de erosão.
- Construir edifícios baixos e discretos, ou seja, que não destoem da paisagem local.
- Usar cor, tipo de estrutura e acabamento de superfície uniformes, para minimizar a visibilidade do projeto em áreas sensíveis com amplo espaço. Notar que o uso de projetos com cores e estrutura que não destoem da paisagem local pode entrar em conflito com os esforços de reduzir a colisão com aves como também com requisitos de segurança aérea.
- Usar um tipo de rede elétrica (de preferência subterrânea) e traçado de estradas para interligação das plantas de forma a reduzir o impacto visual.
- Evitar excesso de iluminação, exceto a necessária para segurança aérea.
- Evitar excesso de placas com propagandas e divulgação, com controle de tamanho e cor e quantidade.
- Controlar a localização relativa dos diferentes tipos de turbinas, densidade e arranjo geométrico para minimizar impactos e conflitos.

Mais recentemente, ocorreram trabalhos na Europa que propõem medidas para minimizar o impacto visual das fazendas eólicas. Como resultados dos estudos, as seguintes características de projeto são listadas como pontos importantes a serem considerados nas análises:

- Forma da turbina eólica.
- Número de pás.
- Forma da nacele e torre.
- Tamanho da turbina.

- Tamanho do parque eólico.
- Espaçamento e *layout* dos aerogeradores.
- Cor.

Tanto nos Estados Unidos como na Europa existem inúmeras referências com guias para minimizar o impacto visual dos aerogeradores e fazendas eólicas. Manwell et al. (2004) apresentam um resumo dessas referências.

RUÍDO PROVOCADO PELOS AEROGERADORES

O ruído causado por aerogeradores tem sido um dos impactos ambientais mais estudados pelos engenheiros. O ruído pode ser medido, mas da mesma forma que outras preocupações ambientais, a percepção pública dos impactos causados pelo ruído dos aerogeradores é de determinação parcialmente subjetiva.

O ruído é definido como um som indesejável, ou seja, que incomoda. O incômodo ou o transtorno causados pelo ruído dependem da intensidade, frequência, distribuição da frequência e modelo da fonte de ruído; níveis de ruído de fundo, terreno entre o emissor e o receptor, e da natureza do receptor de ruído. O efeito do ruído em pessoas é classificado em três categorias principais:

- Efeitos subjetivos, incluindo aborrecimento, amolação, descontentamento.
- Interferência com atividades tais como conversa, sono e aprendizagem.
- Efeitos fisiológicos tais como ansiedade, zumbido no ouvido e perda de audição.

O ruído causado por aerogeradores é consideravelmente diferente em nível e natureza comparado ao ruído causado pelas plantas convencionais de energia de grande porte. Adicionalmente, na maioria dos casos, os parques eólicos são instalados em áreas rurais, onde há um ruído característico de fundo.

O ruído produzido pelos aerogeradores vem diminuindo nos últimos anos em função do desenvolvimento tecnológico. Como exemplo, pode-se citar melhorias no projeto do aerofólio e estratégias de controle, isso significa que mais energia eólica está sendo convertida em energia útil e menos em ruído. Adicionalmente, como comentado no Capítulo 4, houve melhorias substanciais nos projetos das caixas de engrenagem, freios, componentes hidráulicos ou mesmo nos componentes eletrônicos. A nacele possui isolamento acústico. Também não se pode deixar de destacar que os aerogeradores de grande porte giram com menor velocidade e são instalados em alturas maiores, o que contribui para que o ruído seja menos sentido.

Fonte do problema

O ruído causado por uma turbina eólica ou parque eólico está presente tanto na fase de construção como na de operação. Na primeira, o ruído é causado pelo maquinário pesado em operações de escavação, terraplanagem, betonagem e circulação de veículos pesados para transporte de materiais e equipamentos. Também a possível utilização de explosivos para abertura de buracos para as fundações dos aerogeradores, subestação, edifício de comando e caminhos contribui para o aumento dos níveis sonoros de ocorrência pontual.

A magnitude do impacto depende, em grande parte, da proximidade de povoações à zona do parque eólico, tendo igualmente influência não só na proximidade de povoações aos acessos adotados nos percursos até o parque eólico, como também a intensidade de tráfego já existente nessas mesmas vias de comunicação.

Na fase de operação, o ruído é causado sobretudo pelo funcionamento dos aerogeradores. Esse ruído pode ser dividido em dois tipos: ruído aerodinâmico e ruído mecânico.

Ruído mecânico

Causado pelos componentes mecânicos em funcionamento, sendo os principais a caixa de engrenagem, gerador elétrico, ventiladores, mecanismos de controle de orientação da nacele e equipamentos auxiliares (por exemplo, hidráulicos).

As máquinas desenvolvidas até a década de 1980, das quais muitas ainda estão em funcionamento, emitem um nível de ruído significativo. No entanto, tendo consciência de que o nível de ruído dos aerogeradores poderia ser um fator limitante, sobretudo nas instalações próximas de áreas habitadas, passou-se a investir na melhoria dos equipamentos, tornando-os mais silenciosos. Atualmente, o nível de ruído das turbinas modernas é metade do ruído das turbinas da década de 1980.

O ruído proveniente da componente mecânica predomina nos aerogeradores com diâmetros de até 20m, enquanto em aerogeradores com diâmetros superiores prevalece o ruído proveniente da componente aerodinâmica.

Em geral, nos desenvolvimentos mais recentes privilegia-se a resolução dos problemas sonoros na sua origem, ou seja, na própria estrutura da máquina, evitando vibrações, por meio de sistemas elasticamente amortecidos nas uniões e acoplamentos dos principais componentes no interior da cabine. As caixas de engrenagens utilizadas já não são modelos industriais comuns, mas adaptadas especificamente para um funcionamento mais silencioso.

Ruído aerodinâmico

O ruído aerodinâmico vem diminuindo nos últimos anos devido ao melhoramento do perfil das pás dos aerogeradores, nomeadamente, da sua extremidade e bordo de fuga. Tem-se maiores cuidados durante a confecção das pás para evitar defeitos que possam contribuir para o aumento do ruído durante o funcionamento.

Para uma melhor percepção do ruído que os aerogeradores apresentam, a Figura 8.3 mostra um esquema sobre o seu enquadramento comparado aos diversos ruídos do nosso cotidiano.

Métodos para redução dos níveis de ruído

Os aerogeradores tanto podem ser desenvolvidos para se adaptar aos limites de ruído permitidos como também aerogeradores antigos podem passar por um *retrofit*. Vários melhoramentos podem ser feitos como: acabamento especial dos dentes das engrenagens, uso de ventiladores de baixa rotação, montagem dos componentes na nacele em vez da montagem junto ao solo, adição de isolamento acústico na nacele, uso de amortecedores de vibração e melhorias nas estratégias de controle para evitar vibração/ruído e sua propagação para toda a estrutura, entre outras. No campo da aerodinâmica, os engenheiros têm se concentrado na melhoria do aerofólio para evitar ruído na borda de fuga da pá, ruído de ponta de pá e ruído causado pelo fluxo de vento turbulento no perfil da pá.

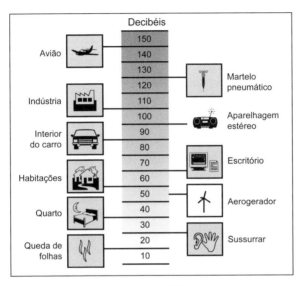

Figura 8.3: Comparação dos níveis sonoros emitidos por um aerogerador (a uma distância de 250 m) com outras fontes de ruído.

Fonte: Mendes (2002).

Um estudo para avaliação apropriada do ruído deverá conter as seguintes informações:

- Uma pesquisa sobre os níveis de ruídos preexistentes no local (ruído de fundo).
- Previsão (ou medição) dos níveis de ruído das turbinas no e próximo ao sítio.
- Uma avaliação da aceitabilidade dos níveis de ruído dos aerogeradores.

Não há um padrão internacional para os níveis de ruído. Na maioria dos países existem leis que estabelecem os níveis superiores de ruído em que as pessoas podem ficar expostas.

INTERFERÊNCIA ELETROMAGNÉTICA

Visão geral do problema

Aerogeradores podem ser um obstáculo para as ondas eletromagnéticas, que podem ser refletidas, espalhadas ou defletidas por eles. Como mostrado na Figura 8.4, quando uma turbina eólica é instalada entre um transmissor e um receptor de sinal de rádio, televisão ou micro-ondas, uma parte da radiação eletromagnética pode ser refletida a tal ponto que o sinal refletido interfere no sinal que chega ao receptor. Isso pode causar uma distorção significativa no sinal recebido.

Alguns parâmetros que interferem na extensão da interferência eletromagnética são:

- Tipo de aerogerador (isso é, eixo horizontal ou vertical).
- Dimensão do aerogerador.
- Rotação do aerogerador.
- Material em que são feitas as pás.
- Geometria e ângulo de torção das pás.
- Geometria da torre.

Na prática, os materiais usados na confecção das pás e a velocidade de rotor são os parâmetros-chave. Os aerogeradores modernos causam menos interferência eletromagnética em função de suas pás serem feitas de materiais compostos (fibra de vidro, fibra de carbono e compostos), todavia, usam proteção contra descargas atmosféricas nas superfícies das pás, o que contribui para aumentar a interferência eletromagnética.

Fonte geradora de interferência eletromagnética e medidas mitigadoras

Um aerogerador pode fornecer um número diferente de mecanismos de espalhamento eletromagnético. As pás do aerogerador, em particular, têm um papel significante na geração de interferência eletromagnética.

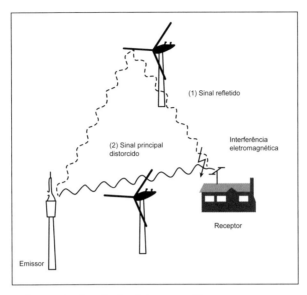

Figura 8.4: Espalhamento dos sinais eletromagnéticos por um aerogerador.
Fonte: Manwell et al. (2004).

Elas podem espalhar um sinal direto à medida que giram e também podem espalhar o sinal refletido pela torre. O grau de interferência eletromagnética causado pelos aerogeradores é influenciado por inúmeros fatores, incluindo:

- Ampla faixa de frequência dos sinais de rádio.
- Variedade dos esquemas de modulação.
- Extensa variação nos parâmetros da turbina.

Há uma variedade de formas possíveis pelas quais um aerogerador pode modular o sinal de rádio e causar interferência. Os seguintes comentários gerais com relação as mais importantes variáveis de projeto são feitos:

Tipo de máquina: diferentes formas de onda podem ser observadas na interferência gerada por máquinas de eixo horizontal e vertical. A maioria dos trabalhos tem se concentrado nos efeitos de interferência de sinais televisivos.

Dimensões das máquinas: as dimensões totais, particularmente o diâmetro do rotor, são importantes para estabelecer as bandas de frequência de rádio onde as interferências podem acontecer. Especificamente, quanto maior a máquina, menor a frequência acima da qual serviços de rádio podem ser afetados. Isto é, uma máquina de grande dimensão afeta HF, VHF, UHF e bandas de micro-ondas, enquanto uma máquina pequena pode degradar somente UHF e transmissões de micro-ondas.

Velocidade do rotor: a velocidade do rotor do aerogerador e o número de pás determinam as frequências de modulação no sinal de interferência de rádio ou telecomunicações.

Confecção das pás: a seção transversal das pás e materiais utilizados na fabricação podem ser significantes. Por exemplo, as seguintes observações gerais devem ser feitas:

- A geometria da pá deve ser simples; idealmente, uma combinação de curvas simples evitando ângulos e bordas afiadas.
- Em geral, o espalhamento provocado por pás de fibra de vidro ou madeira é menor do que uma estrutura de metal comparável. Fibra de vidro é parcialmente transparente a ondas de rádio, enquanto madeira as absorve, não permitindo que a energia seja espalhada.
- A adição de qualquer estrutura de metal nas pás de fibra de vidro, tais como condutores para proteção contra descargas atmosféricas, pode eliminar as vantagens que a fibra de vidro tem em espalhar efetivamente mais o sinal do que uma pá feita totalmente de metal.

Ângulos da pá e sua geometria: em máquinas de grande dimensão e com sinais de micro-ondas, os ângulos que definem a área na qual a interferência ocorre tornam-se tão estreitos que pequenas mudanças na orientação da nacele (*Yaw*) e passo das pás tornam-se importantes com os ângulos de inclinação e balanço das pás.

Torres: a torre pode também espalhar as ondas de rádio e, à medida que a máquina gira, as pás podem cortar o sinal. A geometria das torres pode ser simples, porém se for necessário que a torre seja treliçada, deve-se ter um cuidado especial com os ângulos para reduzir o problema.

IMPACTOS NO USO DA TERRA

Considerações gerais

Há uma variedade de questões a serem consideradas com relação ao uso da terra quando se instalam aerogeradores. Algumas delas envolvem regulamentações e permissões governamentais (tais como zoneamento, permissões para construção e aprovação de autoridades da aeronáutica). Outras podem não estar sujeitas à regulação, mas têm um impacto na aceitação pública. As questões principais são as seguintes:

- Área requerida por unidade de energia ou potência por unidade de área.
- Quantidade de área potencialmente afetada pela fazenda eólica.
- Uso não exclusivo da terra e compatibilidade.
- Preservação rural.
- Densidade de turbinas.
- Estradas de acesso e erosão/ou emissões de poeira.

Considerações específicas

Não é esperada a ocorrência de qualquer tipo de impacto sobre o solo durante a fase de operação, uma vez que a fase de operação e manutenção restringe-se às áreas ocupadas pelos acessos, subestação, edifício de comando e áreas restritas de localização dos aerogeradores, não sendo necessária a ocupação de mais nenhum local dentro da área abrangida pelo parque eólico.

Salienta-se, no entanto, que a conclusão apresentada pressupõe a aplicação e a execução de todas as medidas de minimização indicadas no Estudo de Impactos Ambientais (EIA) de forma correta, garantindo que os possíveis impactos nos solos na fase de construção não sejam ampliados na fase posterior de operação.

Importa referir que relativamente ao impacto nos usos existentes anteriormente à presença do parque eólico, existem diversos exemplos que demonstram a compatibilidade entre a presença e o funcionamento de um parque eólico com outros tipos de atividades. As Figuras 8.5 a 8.7 ilustram como a ocupação inicial no local do parque eólico mantém-se tanto em uma zona agrícola, como em uma zona de pastagem de caprinos.

Figura 8.5: Parque instalado em uma zona agrícola.

Fonte: http://www.monisdailyherald.com.

Figura 8.6: Turbina eólica junto a um parque recreativo.

Fonte: Mendes (2002).

Figura 8.7: Utilização de uma área de pastagem de caprinos dentro do parque eólico.
Fonte: http://www.flickr.com/photos/claveclarkecb.

Mitigação dos problemas relacionados ao uso da terra

Uma ampla gama de ações está disponível para assegurar que projetos eólicos são consistentes e compatíveis com a maioria dos usos existentes e planejados da terra. Algumas recomendações são colocadas por alguns organismos na área eólica:

- Selecionar equipamentos com um mínimo de estrutura de suporte.
- Instalar as redes elétricas de interligação subterrânea.
- Instalar o edifício de manutenção fora do sítio eólico.
- Instalar aerogeradores mais eficientes ou aerogeradores de grande porte para minimizar o número de aerogeradores.
- Selecionar um espaçamento adequado para reduzir a densidade de máquinas.
- Usar construções que não necessitem de muitas vias de acesso e técnicas de manutenção para reduzir a perda temporária e permanente de áreas.
- Restringir o uso de veículos apenas em vias já existentes.
- Limitar o uso de novas vias de acesso largas.

- Limitar o uso de aerogeradores em terrenos íngremes para evitar cortes e aterramentos.

As agências que dão permissão para instalação do parque eólico devem considerar os seguintes pontos ao determinar quais os tópicos da lista que devem ser considerados em um sítio específico:

- Custo associado com uma estratégia particular.
- Tipo e nível do impacto.
- Objetivos da comunidade para o uso da terra.
- Importância de qualquer potencial inconsciente ou incompatibilidade com o uso da terra.
- Alternativas disponíveis.

EFEITOS DE SOMBREAMENTO

Da mesma forma que os edifícios altos, os aerogeradores também fazem sombras no entorno quando o sol brilha. Ao contrário dos edifícios, as sombras dos aerogeradores têm uma característica peculiar que pode ser sentida e é capaz de provocar irritação nas pessoas sob certas condições.

Quando o rotor está se movendo, as pás cortam a luz do sol três vezes a frequência de rotação do rotor (no caso das turbinas de três pás) produzindo um desagradável efeito de cintilação (efeito estroboscópico) ou "disco" quando a sombra passa por um observador.

Se um número considerável de turbinas simultaneamente lança suas sombras sobre um ponto, esse efeito é acumulativo e ocorre em uma frequência maior.

As sombras podem criar um distúrbio nas pessoas que estão dentro de um edifício expostos à tal luz que passa através das janelas. Essa é uma questão considerada na Europa e foi reconhecida com a operação dos moinhos de vento. A frequência que pode causar distúrbios nas pessoas está entre 2,5 a 20 Hz. O efeito nos seres humanos é similar ao causado pelas mudanças na intensidade da luz incandescente em consequência das variações na tensão da rede elétrica provocadas pela turbina eólica.

Em estudos conduzidos em 1999 para o estado de Schleswig-Holstein, na Alemanha, cintilações de sombra, ou seja, a variação da sombra no tempo foi investigada e limites recomendados nesse estudo foram adotados na maioria dos estados como valores guia para procedimentos de licenciamento. De acordo como os estudos, o limite de tempo máximo em que a sombra pode ser lançada em um ponto é de 30 horas anuais ou 30 minutos por dia, baseados no período máximo possível astronomicamente. É evidente que a duração astronomicamente possível da sombra lançada por um parque eólico é reduzida de forma considerável na prática pelas condições do tempo prevalecentes.

Hoje, parques eólicos de grande porte são equipados com um sistema automático de corte de sombras. Ele é programado para desligar o aerogerador com a ajuda de um sensor à medida que a situação do tempo permite que a sombra seja lançada em um ponto crítico. Mantendo em mente as poucas horas envolvidas, a perda de energia é pequena e pode ser desconsiderada.

Além dos problemas das sombras há um outro efeito causado pelo sol, que ocasionalmente pode ser sentido e incomodar as pessoas. Quando o sol está brilhando, as pás do rotor podem causar um desagradável efeito de brilho "relâmpago" quando a luz do sol é refletida. Esse fenômeno é contra-atacado com a aplicação de uma camada não reflexiva que reduz o grau de brilho.

OUTRAS CONSIDERAÇÕES AMBIENTAIS

Algumas questões adicionais devem ser consideradas ao fazer o estudo de impacto ambiental. Isso inclui as questões de segurança e impacto na flora e fauna.

Questões de segurança: problema

Incluem segurança pública e ocupacional. Na área da segurança pública, as considerações primárias associadas à geração eólica estão relacionadas com o movimento das pás e a presença de equipamentos industriais nas áreas, e que potencialmente podem estar acessíveis ao público. É importante considerar os seguintes aspectos:

- *Possível soltura das pás.* Constitui-se no risco principal, relacionado à possibilidade de fragmentos de pá serem lançados quando o rotor está em movimento. Aerogeradores também possuem cabos (estaios) ou outros equipamentos de suporte que podem ser danificados. A cobertura da nacele e o cubo do aerogerador também podem se soltar com a máquina em movimento. Porém, esses eventos são raros e acontecem apenas na incidência de ventos turbulentos.
- *Queda ou lançamento de gelo.* Problemas de segurança podem ocorrer quando baixas temperaturas e precipitação causam um acúmulo de gelo na turbina. Quando as pás se aquecem, o gelo começa a derreter e este pode cair ou ser lançado pelas pás em movimento, podendo atingir alguém.
- *Falha da torre.* A falha completa em uma torre de um aerogerador ou dos cabos que a sustentam pode provocar a sua queda se o rotor estiver girando, ou se o problema não for imediatamente detectado. Carga de gelo excessiva, projeto falho da torre e fundação, corrosão e ventos fortes podem aumentar o potencial de risco de tombamento da torre.
- *Aborrecimento devido à atração do público.* Embora a instalação dos aerogeradores ocorra em áreas rurais, por ser uma tecnologia recente ela causa uma atração no público, que muitas vezes quer chegar ao local para ver de perto os aerogeradores. O perigo está nas pessoas que querem subir na torre, abrir as portas de acesso à torre ou abrir as portas dos painéis elétricos, entre outras situações de perigo.
- *Perigo de incêndio.* Locais áridos, muitas vezes preferíveis para se instalar aerogeradores em função das boas condições de vento e da pouca vegetação, oferecem perigo de incêndio durante os meses secos do ano, em função da vegetação seca.
- *Perigo ao funcionário.* Em qualquer atividade industrial há perdas humanas ou acidentes menores com a equipe de operação. No presente momento, não há uma estatística que compare os acidentes provocados por aerogeradores com os acidentes que acontecem nas demais fontes geradoras de energia.
- *Campo eletromagnético.* Campos elétricos ou magnéticos são causados pela passagem de corrente elétrica por meio de um condutor, como em uma linha de transmissão de energia. Esse campo é criado no espaço ao redor do condutor e sua intensidade decresce rapidamente com a distância.

Questões de segurança: mitigação

Para mitigar os problemas relacionados anteriormente, as seguintes medidas podem ser tomadas:

- *Soltura das pás.* O projeto dos sistemas de controle, por exemplo, controle de passo e frenagem, entre outros, deve ser feito para que os limites de projeto não sejam ultrapassados. Também há legislações que impedem que os aerogeradores sejam instalados em locais próximos de áreas habitadas e rodovias, entre outros locais.
- *Queda e lançamento de gelo.* No treinamento dos funcionários recomenda-se que em períodos de ventos extremos e formação de neve os trabalhadores evitem realizar trabalhos próximos às turbinas.
- *Falha da torre.* A falha completa da estrutura é evitada com projetos eficientes. Também se recomenda colocar as torres a uma distância pelo menos equivalente à sua altura das áreas habitadas.
- *Atração turística.* Recomenda-se cercar a área do parque, para evitar acessos não autorizados, quando possível. Porém, algumas jurisdições preferem que as áreas do parque eólico fiquem livres para que a paisagem fique o mais natural possível, diminuindo o impacto visual. De qualquer modo, é recomendável que exista um posto com telefone de emergência se a área é cercada ou em vários pontos quando a área é livre.
- *Perigo de incêndio.* Colocar o cabeamento que conecta os aerogeradores à subestação em valas. Algumas agências exigem um plano de emergência e treinamentos para controlar possíveis incêndios.
- *Perigo aos trabalhadores.* A empresa instaladora e mantenedora do parque deve prever treinamento e equipamentos de segurança para evitar acidentes.
- *Campo eletromagnético.* Devido à instalação de aerogeradores em áreas rurais e ao baixo nível de potência, esse problema não representa perigo ao público.

Impacto na flora

Os impactos sobre a flora resultantes da implantação de um projeto eólico dessa natureza devem-se às necessárias movimentações de terras e desmatamentos associados à execução das diversas ações já indicadas nesse texto.

Durante a fase da obra, verifica-se igualmente um impacto na vegetação da zona envolvente devido à emissão de poeiras provocadas pela movimentação geral de terras e circulação de veículos, na maioria dos casos em acessos de terra batida.

É esperado que a maior parte da vegetação afetada na fase da obra encontre, durante o período de funcionamento dos aerogeradores, condições adequadas à sua recuperação a médio/longo prazo, principalmente se forem adotadas medidas mitigadoras. Como resultado da maior frequência de pessoas em determinadas zonas que possuam um elevado valor ambiental, é possível a ocorrência de pisoteio de espécies protegidas, gerando um impacto cuja magnitude depende das características específicas do local.

EXERCÍCIOS

1. Aponte e explique os impactos ambientais causados por um projeto eólico na sua fase de construção e os principais meios adotados para mitigar esses impactos.
2. O estudo de *micrositing* tem como finalidade a distribuição dos aerogeradores em um sítio no sentido de alcançar vários objetivos, tais como maximizar a energia coletada, diminuindo a interferência de um aerogerador em outro, reduzir custos de terreno, dentre outros, incluindo os de natureza ambiental. Discuta os objetivos ambientais e apresente soluções adotadas no estudo de *micrositing* para mitigar esses impactos.
3. Faça um comparativo entre a geração eólica e a geração hidrelétrica no que tange aos aspectos ambientais.
4. Considerando os aspectos ambientais, compare dois parques eólicos de mesma potência instalada, porém utilizando turbinas eólicas de pequeno porte e de grande porte.

Referências

[ANEEL] AGÊNCIA NACIONAL DE ENERGIA ELÉTRICA. *Capacidade de Geração no Brasil*. Disponível em: http://www.aneel.gov.br/aplicacoes/capacidadebrasil/capacidadebrasil.asp. Acessado em: ago. 2009.

_____. *BIG – Banco de Informações de Geração*. Disponível em: http://www.aneel.gov.br/aplicacoes/capacidadebrasil/capacidadebrasil.asp. Acessado em: mar. 2010a.

_____. *Panorama do Potencial Eólico do Brasil. Projeto BRA/00/029*. Brasília, 2002. Disponível em: http.mct.gov.br/index.php/content/view/20275.htm. Acessado em mar. 2010b.

ARKERMANN, T. *Wind Power in Power Systems*. Great Britain: John Wiley & Sons, 2008.

ATLAS DO POTENCIAL EÓLICO BRASILEIRO. http://cresesb.cepel.br/atlas_eolico/index.php. Acessado em: mar. 2011.

BIANCHI, F.D.; BALTISTA, H.; MANTZ, R.S. *Wind turbine control systems. Principles, modelling and gain scheduling design*. Nova York: Springer, 2006.

BOYLE, G. *Renewable energy: power for a sustainable future*. United Kingdom: Oxford University Press, 1996.

BRASIL. [MME] Ministério de Minas e Energia. *Balanço Energético Nacional*, 2008 (BEN). Brasília, 2008.

BURTON, T. et al. *Wind Energy Handbook*. Londres: John Wiley & Sons, 2001.

CARVALHO, P. *Geração Eólica*. Fortaleza: Imprensa Universitária, 2003.

COSTA, C.V. *Políticas de promoção de fontes novas e renováveis para geração de energia elétrica: lições da experiência europeia para o caso brasileiro*. 2006. 223p. Tese (Doutorado em Ciências). Universidade Federal do Rio de Janeiro. Programa de Pós-Graduação em Engenharia (Coppe). Rio de Janeiro, 2006.

[CRESESB] Centro de Referência para Energia Solar e Elétrica. *Tutorial eólico.* Disponível em: http://www.cresesb.cepel.br/. Acessado em: mar. 2010.

DANISH WIND INDUSTRY ASSOCIATION. *Wind Energy Reference Manual.* Disponível em: http://www.guidedtour.windpower.org/en/tour/wres/variab.htm. Acessado em: mar. 2010

DEBLON, A.R.; MITRA, I. PV Wind hybrid power o the roof of the world. 4th *European PV- Hybrid and Mini-Grid Conference.* Grécia, 2008.

[Dewi] DEUTSCHES WINDENERGIE – INSTITUT GMBH. *Curso Informativo de Energia Eólica.* Rio de Janeiro, 2001.

DIAS, J.R. *Dessanilização de água por osmose reversa usando energia potencial gravitacional e energia eólica.* 2004. 212p. Dissertação (Mestrado em Engenharia Elétrica). Escola Politécnica, Universidade de São Paulo. São Paulo, 2004.

_____. *Modelo de transformação da energia eólica em um fluxo de água com alta pressão para dessanilização de água por osmose reversa e/ou geração de eletricidade.* 2010. 220p. Tese (Doutorado em Energia Elétrica). Escola Politécnica, Universidade de São Paulo. São Paulo, 2010.

DUGAN, R.C. et al. *Electrical Power Systems Quality.* 2.ed. Nova York: MacGraw-Hill, 2004. 525p.

DUTRA, R.M. *Viabilidade técnico-econômica da energia eólica face ao novo marco regulatório do setor elétrico brasileiro.* 2001. 259p. Dissertação (Mestrado em Ciências em Planejamento Energético). Programa de Pós-Graduação em Engenharia (Coppe). Universidade Federal do Rio de Janeiro. Rio de Janeiro, 2001

_____. *Propostas de políticas específicas para energia eólica no Brasil após a primeira fase do Proinfa.* 2007. 415p. Tese (Doutorado em Ciência em Planejamento). Programa de Pós-Graduação em Engenharia (Coppe). Universidade Federal do Rio de Janeiro, Rio de Janeiro, 2007

EHRLICH, P.J. *Engenharia econômica: avaliação e seleção de projetos de investimento.* 5. ed. São Paulo: Atlas, 1989.

[EPE] EMPRESA DE PESQUISA ENERGÉTICA; MME. *Proposta para a expansão da geração eólica no Brasil. Nota técnica PRE 01/2009.* Disponível em: http://www.mme.gov.br/mme/galerias/arquivos/noticias/2009/02_fevereiro/NT-.pdf. Acessado em: ago. 2009.

FADIGAS, E.A.F.A. *Notas de aula de PEA 5002.* Escola Politécnica, Universidade de São Paulo, São Paulo, 2008.

FARRET, F.A. *Aproveitamento de pequenas fontes de energia elétrica.* Santa Maria: UFSM, 1999.

FOX, B. et al. *Wind Power Integration: Connection and systems operational aspects. IET Power and Energy Series 50.* Londres: Institution of Enfinnering and Technology, 2007.

GIPE, P. *Photos of vertical axis wind turbine*. Disponível em: http://www.wind-works.org/photos/PhotosVAWTs.html. Acessado em: mar. 2010

GOLDING, E.W. *The generation of electricity by wind power*. Nova York: John Wiley & Sons, 1977.

GREENPEACE. *A Caminho da sustentabilidade energética: como desenvolver um mercado de renováveis no Brasil. Relatório [r]evolução energética*. São Paulo, 2008.

[GWEC] *Global Wind Energy Outlook 2008*. Disponível em: http://www.gwec.net. Acessado em: 14 set. 2009.

HARRISON, H.; HAU, E.; SNEL, H. *Large Wind Turbines. Design and Economics*. Londres: John Wiley & Sons, 2000.

HAU, E. *Wind Turbine Applications: Fundamentals, Technologies, Application, Economics*. 2.ed. Germany, Springer, 2005.

HEIR, S. *Grid Integration of Wind Energy Conversion Systems*. Londres: Jonh Wiley & Sons, 2006.

[IEC] International Standard 61400-1. *Wind turbines. Part 1. Design requirenments*. 3.ed. 2005-08.

[IEC] International Standard 61400-12-1. *Part 12-1: Power performance measurements of electricity producing wind turbines*. 1.ed., 2005-12.

[IEC] International Standard 61400-21. *Wind turbine generator system. Part 21. Measurenment and assessment of power quality characterization of grid connected wind turbines*. 1.ed., 2001-12.

ISET. *Utilization of Wind Energy*. Alemanha: Kassel, 2001.

MACEDO, W.N. Estudo de sistemas de geração de eletricidade utilizando a energia solar fotovoltaica e eólica. 2002. 152p. Dissertação (Mestrado em Sistemas de Engenharia Elétrica). Centro Tecnológico da Universidade Federal do Pará. Belém, 2002.

MANWELL, J.F. et al. *Wind Energy Explained: Theory, design and applications*. Londres: John Wiley & Sons, 2004.

MENDES, L. et al. *A energia eólica e o meio ambiente. Guia de orientação para avaliação ambiental*. [IA] Instituto do Ambiente. Ministério do Meio Ambiente e do Ordenamento do Território. Alfragide: Portugal, 2002.

MERRIL, L.; BTM Consult. *Renewable energy. Wind turbine manufacturers here comes pricing power. Report Research*. Disponível em: http://www.ml.com/medi/81290.pdf. Acessado em: 14 set. 2009.

MORAES, M. *Modelo computacional do sistema conversor de energia eólica equipado com gerador de indução*. 2004. 189p. Dissertação (Mestrado em Sistemas de Potência). Escola Politécnica, Universidade de São Paulo. São Paulo, 2004.

[NREL] NATIONAL RENEWABLE ENERGY LABORATORY. *Wind Resource Assessment Handbook*. Nova York: AWS Scientific, 1991.

OLIVEIRA, C.D.G.; BASTOS, M.A.A. AEPE2004. *Software para avaliação estatística de potencial eólico. Relatório de Projeto de Formatura*. Escola Politécnica, Universidade de São Paulo. São Paulo, 2004.

PARKER, D. Microgeneration. *Low energy strategies for larger buidings*. United Kingdom: Elsevier, 2009.

PATEL, M.R. *Wind and solar power systems*. 2.ed. Nova York: CRC Press, 2006, 433p.

PEREIRA, A.L.; FADIGAS, E.A.F.A. *Notas de aula de PEA 5002*. Escola Politécnica, Universidade de São Paulo. São Paulo, 2008.

PETERSEN, L. et al. *Wind Power Meteorology*. Dinamarca: Riso National Laboratory, 1997.

ROHATGI, J.S.; NELSON, V. *Wind characteristics: an analysis for the generation of wind power*. Canyon: West Texas A&M University, 1994.

SILVA, G.R. *Características de vento da região nordeste. Análise, modelagem e aplicações para projetos de centrais eólicas*. 2003. 131p. Dissertação (Mestrado em Engenharia Mecânica). Universidade Federal de Pernambuco. Recife, 2003.

SILVA, K.F. *Controle e integração de centrais eólicas a rede elétrica com geradores de indução duplamente alimentados*. 2005. 162p. Tese (Doutorado em Sistemas de Potência). Escola Politécnica da Universidade de São Paulo. São Paulo, 2005.

SILVA, P.C. *Sistema para tratamento, armazenamento e disseminação de dados de vento*. 1999. 113p. Dissertação (Mestrado em Ciências em Engenharia Mecânica). Programa de Pós-Graduação em Engenharia (Coppe). Universidade Federal do Rio de Janeiro, Rio de Janeiro. 1999.

SIMÕES, M.G.; FARRET F.A. *Alternative Energy Systems: Design and Analysis with Induction Generators*. 2.ed. Nova York: CRC Press, 2008.

SPERA, D.A. *Wind turbine technology: fundamental concepts of wind turbine engineering*. Nova York: ASME Press, 1994.

TWIDELL, J.; Weir, T. *Renewable Energy Resources*. 2.ed. Great Britain: Taylor and Francis, 2006.

VANDENBERGH, M. et al. *Expandable hybrid systems for multi-user mini-grids*. European Comission. Mini-grid Kit NNE5-1999-00487.

VOSSELER, I. PV hybrid village electrification in Spain: 6 years experience with MSG (Multi-User Solar Hybrid Grids). *19 th European Photovolyaic Solar Energy Conference and Exhibition*. Paris, 2004.

WINROCK INTERNATIONAL BRASIL. Kit de ferramentas para o desenvolvimento de projetos de energia eólica. Versão 1.0, 2004.

ZILLES, R.; MOCELIN, A.R. Unidade de capacitação e difusão de minirredes fotovoltaicas e diesel. *Seminário de minirredes e sistemas híbridos com energias renováveis na eletrificação rural*. Instituto de Eletrotécnica e Energia, Universidade de São Paulo. São Paulo, 2001.

Índice Remissivo

A

Amplificadores de potência 149
Anemômetro 72
Ângulo de ataque 95
Ângulo de estol 102
Ângulo de passo 99
Aplicações autônomas 202
Atlas eólicos 70
Atuadores 149

C

Caixa de multiplicação de velocidade 134
Camada limite 41
Cargas cíclicas 161
Cargas constantes 161
Cargas estáticas 161
Cargas estocásticas 162
Cargas pulsantes 162
Cargas ressonantes induzidas 162
Cargas transitórias 161
Certificados verdes de energia renovável 6
Classes de velocidades 62
Coeficiente de arrasto 97
Coeficiente de potência 93
Coeficiente de sustentação 97

Comprimento de rugosidade 49
Controlador 148
Controles dinâmicos 149
Controle supervisório 148
Conversor – inversor 185
Conversor – retificador 184
Cubo 130
Cubo com mecanismo de desequilíbrio de posição entre as pás 131
Cubo com mecanismo para inclinação das pás 131
Cubo rígido 131
Curva de duração de velocidade 63
Curva de frequência acumulada 63
Curva de potência 107
Custo chave na mão 226
Custo de manutenção 234
Custo de operação 234
Custos de infraestrutura e instalação 227
Custos do aerogerador 226
Custo uniforme de energia 250

D

Desvio padrão 61
Diodo semicondutor 183
Disponibilidade do sistema 242

E

Efeitos de sombreamento 274
Eixo planetário 135
Eixo principal 136
Eixos paralelos 135
Energia cinética do vento 55
Energia elétrica gerada 108
Energia eólica 61
Eólicas *offshore* 219
Escala local ou microescala 43
Escala planetária ou macroescala 43
Escala regional ou mesoescala 43
Escorregamento 144
Estudos de viabilidade 232

F

Fator de recuperação de capital 247
Filtro de harmônicas 187
Flicker 162, 193
Força axial 101
Força de arrasto 95
Força de Coriolis 41
Força de potência 101
Força de sustentação 95
Freio a disco 133
Freio do tipo embreagem 133
Frequência absoluta 62
Frequência relativa 62
Função densidade de probabilidade 65, 67
Função densidade de probabilidade de Weibull 68
Função distribuição ou probabilidade acumulada 65

G

Gerador elétrico 137

H

Harmônicas 186

I

Incentivos fiscais 6
Interferência eletromagnética 268
Inversores autocomutados 186
Inversores comutados pela rede 186

L

Lei de potência 48
Lei logarítmica 49
Lei n. 10.438 7
Linha de corda 96

M

Manutenção preventiva 235
Método do custo do ciclo de vida 244
Método MCP 85
Micrositing 46

N

Nacele 152
Negociações e parcerias 233

O

Operação em ilha 194
Orografia 46
Osmose reversa 207

P

Parque eólico ou fazenda eólica 217
Pás 122
Planejamento e engenharia 233
Potência 55
Potência média gerada 108
Processo 149
Proinfa 7
Protocolo de Kyoto 4

R

Rotor eólico 122
Rugosidade do terreno 46
Ruído aerodinâmico 266
Ruído mecânico 265

S

Sensores de direção da velocidade 74
Sensores ou indicadores 149
Séries uniformes 246
Sistema baseado em preço (*Feed-in Tariffs*) 5
Sistema de cotas (com certificados verdes) 5
Sistema de leilão 5
Sistema de transmissão mecânico 133
Sistema híbrido 209
Solidez 123
Subsídios financeiros 6

T

Taxa interna de retorno (TIR) 250
Terrenos acidentados 51
Terrenos planos 51
Tiristores 183
Torre 152
Torre meteorológica 71
Transistores 184

V

Valor presente líquido 247
Variações de curta duração 44
Variações diárias 44
Variações interanuais 43
Variações sazonais 44
Variância 61
Velocidade *cut-in* 108
Velocidade *cut-out* 108
Velocidade específica de ponta de pá 100
Velocidade média 60
Velocidade nominal 108
Velocidade síncrona 144
Velocidade tangencial 99
Vento incidente 98
Vento resistente 98
Ventos de circulação global 40
Ventos de circulação local 40
Ventos geotrópicos 41
Ventos turbulentos 47
Vida útil dos aerogeradores 242
Volantes de inércia 199

W

Wind Atlas Analysis and Application Program (Wasp) 79

Y

Yaw control 146

A marca FSC é a garantia de que a madeira
utilizada na fabricação do papel deste livro
provém de florestas que foram gerenciadas
de maneira ambientalmente correta,
socialmente justa e economicamente viável,
além de outras fontes de origem controlada.